Farid Debieb

Du Béton au Béton

Farid Debieb

Du Béton au Béton

Béton recyclé

Presses Académiques Francophones

Impressum / Mentions légales
Bibliografische Information der Deutschen Nationalbibliothek: Die Deutsche Nationalbibliothek verzeichnet diese Publikation in der Deutschen Nationalbibliografie; detaillierte bibliografische Daten sind im Internet über http://dnb.d-nb.de abrufbar.
Alle in diesem Buch genannten Marken und Produktnamen unterliegen warenzeichen-, marken- oder patentrechtlichem Schutz bzw. sind Warenzeichen oder eingetragene Warenzeichen der jeweiligen Inhaber. Die Wiedergabe von Marken, Produktnamen, Gebrauchsnamen, Handelsnamen, Warenbezeichnungen u.s.w. in diesem Werk berechtigt auch ohne besondere Kennzeichnung nicht zu der Annahme, dass solche Namen im Sinne der Warenzeichen- und Markenschutzgesetzgebung als frei zu betrachten wären und daher von jedermann benutzt werden dürften.

Information bibliographique publiée par la Deutsche Nationalbibliothek: La Deutsche Nationalbibliothek inscrit cette publication à la Deutsche Nationalbibliografie; des données bibliographiques détaillées sont disponibles sur internet à l'adresse http://dnb.d-nb.de.
Toutes marques et noms de produits mentionnés dans ce livre demeurent sous la protection des marques, des marques déposées et des brevets, et sont des marques ou des marques déposées de leurs détenteurs respectifs. L'utilisation des marques, noms de produits, noms communs, noms commerciaux, descriptions de produits, etc, même sans qu'ils soient mentionnés de façon particulière dans ce livre ne signifie en aucune façon que ces noms peuvent être utilisés sans restriction à l'égard de la législation pour la protection des marques et des marques déposées et pourraient donc être utilisés par quiconque.

Coverbild / Photo de couverture: www.ingimage.com

Verlag / Editeur:
Presses Académiques Francophones
ist ein Imprint der / est une marque déposée de
OmniScriptum GmbH & Co. KG
Heinrich-Böcking-Str. 6-8, 66121 Saarbrücken, Deutschland / Allemagne
Email: info@presses-academiques.com

Herstellung: siehe letzte Seite /
Impression: voir la dernière page
ISBN: 978-3-8416-2268-6

Copyright / Droit d'auteur © 2013 OmniScriptum GmbH & Co. KG
Alle Rechte vorbehalten. / Tous droits réservés. Saarbrücken 2013

DEDICACES

Je dédie ce modeste travail à ma femme et mes enfants

Resume

La valorisation des granulats recyclés issus de la construction et de la démolition permet de contribuer à la résolution du problème de stockage des déchets, la réduction de la pollution de l'environnement, la préservation des ressources naturelles, la réduction du coût de construction et enfin la résolution du problème d'approvisionnement en sable et graviers. Cependant, les granulats recyclés peuvent être obtenus d'un béton qui est contaminés par des éléments agressifs comme les chlorures et les sulfates. L'objectif principal de ce travail est d'étudier l'influence des granulats recyclés contaminés sur la performance et la durabilité du béton. L'étude expérimentale a portée essentiellement sur deux types de bétons: un béton de structure (C25/30) et un Béton Compacté au Rouleau (BCR). Les granulats naturels et recyclés sont caractérisés et comparés. La progression des chlorures et des sulfates dans le béton naturel vieilli ainsi que dans les granulats est examinée. Les propriétés du béton à l'état frais et durci sont analysés et la durabilité du béton est déduite par l'étude de son vieillissement dans le temps.

Les résultats de cette étude expérimentale ont montré que les granulats recyclés issus du concassage de béton pollué sont beaucoup moins réguliers que les granulats naturels et sont beaucoup plus riches en chlorures qu'en sulfates. Les granulats recyclés porteurs de chlorures se lessivent si on les trempe dans l'eau. Les propriétés mécaniques et physiques du béton recyclé sont moindres que celles du béton naturel et la durabilité est forte menacée par la porosité et par l'absorption d'eau élevées des granulats recyclés. Le type de pollution des granulats recyclés n'a pas d'effet significatif sur la porosité du béton recyclé mais influe beaucoup sur sa carbonatation. Le béton ne contenant que des granulats recyclés présente une bonne résistance en climat sévère hivernal mais il est fort perméable à la pénétration des ions chlorures en solution, ce qui représente un risque de corrosion des armatures dans le cas du béton armé et précontraint.

Mots-clés :
Recyclage, Pollution, Granulats recyclés, Béton, Béton Compacté au Rouleau, Béton recyclé, Durabilité.

ABSTRACT

The reuse of recycled aggregates resulting from construction and demolition contributes to the decrease of the problem of waste storage, the reduction of environment pollution, the safeguarding of natural resources, the reduction of the cost of construction and finally the resolution of the problem of sand and gravels supply. However, recycled aggregates can be obtained from a concrete which is contaminated by aggressive elements like chlorides or sulphates. The principal objective of this work is to study the influence of contaminated recycled aggregates on the performances and durability of concrete. The experimental study related primarily to two types of concretes: a structural concrete (C25/30) and a Roller Compacted Concrete (RCC). The natural and recycled aggregates are characterized and compared. The progression of chlorides and sulphates in the concrete and in the aggregates is examined. The properties of concrete in the fresh and hardened state are analyzed and the durability of concrete is assessed by studying its ageing with time.

The results of this experimental study showed that recycled aggregates resulting from the polluted crushing concrete are much less regular than natural aggregates and are much richer in chlorides than in sulphates. Chlorides contaminated recycled aggregates soaked in water are washed out. Mechanical and physical properties of recycled concrete are less than those of natural concrete and durability is affected by the high porosity and water absorption of the recycled aggregates. The type of pollution of the recycled aggregates does not have a significant effect on porosity of the recycled concrete but its carbonation is highly affected. Concrete containing only recycled aggregates presents a good resistance to severe winter climate but it is extremely permeable to chlorides ions and hence presents a risk of corrosion of reinforcement in the case of reinforced and prestressed concrete structures.

Key-word:
Recycling, Pollution, Recycled aggregates, Concrete, Roller Compacted Concrete, Recycled concrete, Durability.

SOMMAIRE

Dédicaces 01
Résumé 02
Abstarct 03
Sommaire 04
Liste de Tableaux 09
Liste des Figures 11
Répertoire des notations 14

INTRODUCTION GENERALE 17

Partie 1 : Recherche bibliographique

I. CHAPITRE I GRANULATS RECYCLES ET BETON DE GRANULATS RECYCLES

20

I.1. INTRODUCTION 21
I.2. VALORISATION DES DECHETS ET SOUS PRODUITS INDUSTRIELS DANS LE GENIE CIVIL 21
   I.2.1.   Généralités 21
   I.2.2.   Politique de gestion des déchets 22
      I.2.2.1.   *Contexte juridique et directives européennes* 23
      I.2.2.2.   *La gestion des déchets dans le monde* 23
   I.2.3.   Utilisation des déchets et sous-produits dans le domaine du génie civil 26
      I.2.3.1.   *Différents déchets et sous-produits utilisés en génie civil* 27
      I.2.3.2.   *Utilisation des déchets inertes de bâtiment et de travaux publics* 28
      I.2.3.3.   *Utilisation des déchets ou sous-produit industriels* 33
      I.2.3.4.   *Valorisation des déchets dans l'industrie cimentière* 37

I.3.   L'ACTIVITE DU RECYCLAGE DES MATERIAUX DE CONSTRUCTION ET DE DEMOLITION :
CONTEXTES ET REFERENCES 38
   I.3.1.   Intérêt du recyclage des déchets de construction et de démolition 38
   I.3.2.   Spécifications unifiées et normes actuelles 41
   I.3.3.   Historique et expériences internationales 43
   I.3.4.   Belgique.. 47
   I.3.5.   Algérie 48

I.4.   LES GRANULATS RECYCLES 48
   I.4.1.   Introduction 48
   I.4.2.   Sources des granulats recyclés.. 49
   I.4.3.   Les installations de recyclage 50
   I.4.4.   Matériel de production.. 50
   I.4.5.   Les principales étapes de traitement 54
   I.4.6.   Les méthodes de séparation des impuretés 54
   I.4.7.   L'influence du type de concasseur sur les caractéristiques des granulats recyclés....... 57
   I.4.8.   Aspects normatifs 58
   I.4.9.   Granulométrie, forme de particules et état de surfaces...................... 59
   I.4.10.   La gangue de ciment ancien 61
   I.4.11.   Les impuretés 63
   I.4.12.   Densité et porosité 66
   I.4.13.   Absorption d'eau 67
   I.4.14.   Résistances Mécaniques 69

| I.4.15. | Résistance aux sulfates | 70 |

I.5. LE BETON A BASE DE GRANULATS RECYCLES 70
- I.5.1. Introduction 70
- I.5.2. Propriétés et dosage du béton frais 71
  - I.5.2.1. Ouvrabilité 71
  - I.5.2.2. Compacité 72
- I.5.3. Propriétés mécaniques du béton durci 72
  - I.5.3.1. Résistance à la compression 72
  - I.5.3.2. Résistance à la traction 73
  - I.5.3.3. Module d'élasticité 73
- I.5.4. Propriétés physiques du béton durci 73
  - I.5.4.1. Retrait de séchage 73
  - I.5.4.2. Gonflement 74
  - I.5.4.3. Fluage 74
  - I.5.4.4. Perméabilité 74
  - I.5.4.5. Porosité et absorption d'eau 74
  - I.5.4.6. Gel-dégel 74

I.6. CONCLUSION 75

II. CHAPITRE II BETON COMPACTE AU ROULEAU 76

II.1. INTRODUCTION 77

II.2. DEFINITION 77

II.3. HISTORIQUE 78

II.4. UTILISATION ET APPLICATION 78

II.5. MODES D'EMPLOI ET SPECIFICITES 79
- II.5.1. Opération de compactage 79
- II.5.2. Squelette granulaire 79
- II.5.3. Hétérogénéité de la pâte 81
- II.5.4. Production, transport et mise en place 81

II.6. DESCRIPTION DU PRODUIT FINI 81
- II.6.1. BCR pour les chaussées 81
- II.6.2. BCR pour les barrages 82

II.7. PROPRIETES DES BCR 83
- II.7.1. Propriétés à l'état frais 83
- II.7.2. Propriétés à l'état durci et durabilité 83

II.8. METHODES DE FORMULATION 84
- II.8.1. Méthode basée sur la limitation de maniabilité 85
- II.8.2. Méthode basée sur les concepts du compactage du sol 85
- II.8.3. Méthode basée sur l'économie 85
- II.8.4. Méthode basée sur l'empilement granulaire 85

II.9. BETON COMPACTE AU ROULEAU A BASE DE GRANULATS RECYCLES 86

II.10. CONCLUSION 87

III. CHAPITRE III DURABILITE – REFERENCES BIBLIOGRAPHIQUES 89

III.1. INTRODUCTION 90

III.2. PHENOMENES DE TRANSPORT DANS LE BETON 91
- III.2.1. Structure poreuse du béton 91
  - III.2.1.1. Définition et classification des pores 91

	III.2.1.2.	Porosité de la pâte de ciment hydratée	93
	III.2.1.3.	Porosité des granulats et de l'auréole de transition	93
III.2.2.		Perméabilité	94
	III.2.2.1.	Définition	94
	III.2.2.2.	Perméabilité à l'eau	94
	III.2.2.3.	Perméabilité à l'air	95
	III.2.2.4.	Perméabilité de surface	97
III.2.3.		Lois de transport au sein du béton	98
	III.2.3.1.	Transport par écoulement hydraulique (phénomène de perméabilité)	98
	III.2.3.2.	Transport par diffusion (coefficient de diffusion)	101
III.2.4.		Relations entre perméabilité et structure poreuse du béton	102

III.3.	**CAPILLARITE**	**103**
III.3.1.	Définition	103
III.3.2.	Modélisation	103
III.3.3.	Principe d'évaluation	104

III.4.	**CARBONATATION**	**105**
III.4.1.	Définition	105
III.4.2.	Mécanismes de carbonatation	106
III.4.3.	Influence de l'état de saturation du matériau	106
III.4.4.	Modélisation	106
III.4.5.	Méthodes d'évaluation	107

III.5.	**COMPORTEMENT AUX CYCLES DE GEL-DEGEL**	**108**
III.5.1.	Définition	108
III.5.2.	Gélivité de la pâte de ciment	108
III.5.3.	Gélivité des granulats	109
III.5.4.	Interaction pâte de ciment-granulats dans les bétons	109

III.6.	**DURABILITE DU BETON VIS-A-VIS LES EAUX AGRESSIVES**		**109**
III.6.1.	Généralités		109
III.6.2.	Agents agressifs et mécanismes de dégradation du béton		110
III.6.3.	Durabilité du béton au contact de milieux acides		110
III.6.4.	Durabilité du béton au contact de milieux salins		111
	III.6.4.1.	Risque de corrosion : attaque des chlorures	111
	III.6.4.2.	Risque d'expansion : attaque des sulfates	113
	III.6.4.3.	Cas particulier : actions de l'eau de mer	115

III.7.	**CONCLUSION**	**117**
IV.	**CHAPITRE IV MATERIAUX ET PROCEDURES EXPERIMENTALES**	**118**

IV.1.	**INTRODUCTION**	**119**

IV.2.	**MATERIAUX UTILISES**		**119**
IV.2.1.	Le ciment		119
IV.2.2.	Les granulats naturels et recyclés		120
	IV.2.2.1.	Identification	120
	IV.2.2.2.	Granulométrie	121
	IV.2.2.3.	Forme des grains et état de surface	121
	IV.2.2.4.	Gangue de pâte de mortier d'ancien ciment	122
	IV.2.2.5.	Masse volumique et porosité	122
	IV.2.2.6.	Absorption d'eau	122
	IV.2.2.7.	Propreté	122
	IV.2.2.8.	Résistance mécanique : dureté (Los-Angeles)	122
	IV.2.2.9.	Résistance à l'attrition	123
IV.2.3.	Eau de gâchage		123

IV.3.	**EQUIPEMENTS**	**123**
IV.3.1.	Malaxeur	123
IV.3.2.	Moules	123
IV.3.3.	Accessoires	123

IV.4.	CONFECTION ET CURE DES EPROUVETTES	124
IV.5.	VIEILLISSEMENT DU BETON NATUREL ET FABRICATION DES GRANULATS RECYCLES	125
IV.5.1.	Procédure de vieillissement et de contamination du béton naturel	125
IV.5.2.	Contrôle de migration des ions chlorures et des ions sulfates dans les dalles de béton vieilli	126
IV.5.3.	Contrôle de migration des ions chlorures dans les granulats	127
IV.6.	IDENTIFICATION, COMPOSITION ET PROCEDURE DE MALAXAGE DES BETONS	127
IV.6.1.	Identification des mélanges	127
IV.6.2.	Béton de référence (BT)	128
IV.6.3.	Utilisation de la méthode de Dreux-Gorisse pour le béton recyclé C25/30	129
IV.6.4.	Optimisation de la composition du Béton Compacté au Rouleau (BCR)	131
IV.6.4.1.	*Compacité optimale du BRCR*	*131*
IV.6.4.2.	*Matériel utilisé et démarche de travail*	*131*
IV.6.4.3.	*Optimisation du rapport S/G*	*132*
IV.6.4.4.	*Optimisation de la quantité d'eau optimale pour le rapport S/G optimal*	*135*
IV.7.	MODALITE DES ESSAIS SUR BETONS	137
IV.7.1.	Ouvrabilité	137
IV.7.2.	Essai de compression	137
IV.7.3.	Essai de traction par fendage	138
IV.7.4.	Essai de module d'élasticité	138
IV.7.5.	Essai de retrait	139
IV.7.6.	Essai de vieillissement (gonflement)	139
IV.7.7.	Essai de perméabilité à l'oxygène	139
IV.7.8.	Essai d'absorption capillaire	141
IV.7.9.	Essai de porosité	142
IV.7.10.	Essai de carbonatation	142
IV.7.11.	Essai de diffusion (migration) accéléré des ions chlorures sous champ électrique	143
IV.7.12.	Essai de gel dégel	145
IV.7.13.	Essai de corrosion	145
IV.8.	VARIABLES ETUDIEES	146
V.	CHAPITRE V ANALYSE ET DISCUSSION DES RESULTATS	148
V.1.	INTRODUCTION	149
V.2.	GRANULATS	149
V.2.1.	Analyse granulométrique des granulats bruts	149
V.2.2.	Analyse granulométrique des granulats modifiés	151
V.2.3.	Formes des grains et état de surface	153
V.2.4.	Gangue de pâte de mortier d'ancien ciment	154
V.2.5.	Masse volumique	155
V.2.6.	Absorption d'eau	156
V.2.7.	Propreté	156
V.2.8.	Résistance mécanique : dureté (Los-Angeles)	157
V.3.	PROGRESSION DES CHLORURES ET DES SULFATES DANS LES DALLES DE BETON NATUREL VIEILLI	157
V.3.1.	Contrôle de migration des ions chlorures et des ions sulfates dans les dalles de béton naturel vieilli	157
V.3.2.	Teneur en chlorures et en sulfates dans les granulats	160
V.3.3.	Contrôle de migration des ions chlorures dans les granulats	161
V.3.4.	Lixiviation des granulats pollués	162
V.4.	BETON FRAIS	163
V.4.1.	Ouvrabilité et densité	163
V.5.	PROPRIETES MECANIQUES ET PHYSIQUES DU BETON DURCI	164
V.5.1.	Couleur et aspects extérieurs des bétons	164

V.5.2.	Masses volumiques	164
V.5.3.	Résistance en compression	165
V.5.4.	Résistance en traction par fendage	166
V.5.5.	Module d'élasticité en compression	168
V.5.6.	Propriétés de transport	169
	V.5.6.1. Perméabilité à l'oxygène	*169*
	V.5.6.2. Capillarité	*170*
	V.5.6.3. Porosité	*173*
V.6.	**VIEILLISSEMENT DU BETON DURCI**	**174**
V.6.1.	Carbonatation	174
V.6.2.	Comportement aux cycles de gel-dégel	175
V.6.3.	Diffusion des ions chlorures sous champ électrique	177
V.6.4.	Variations dimensionnelles	178
	V.6.4.1. Retrait de séchage	*178*
	V.6.4.2. Gonflement	*180*
V.6.5.	Corrosion	186
VI.	**CONCLUSIONS ET PERSPECTIVES**	**188**

CONCLUSIONS 189

PERSPECTIVES 191

VII.   BIBLIOGRAPHIE   192

LISTE DES TABLEAUX

CHAPITRE I
Tableau I. 1: Composition des débris C&D selon le pays (en %) [20] 30
Tableau I. 2: Activité de recyclage dans les trois régions Belges [21] 31
Tableau I. 3: Quantité des différents types de déchets issus de l'activité du bâtiment en Algérie (estimation 1996) [12] 32
Tableau I. 4: Production annuelle des déchets de bâtiment en Algérie 33
Tableau I. 5: Taux de recyclage en Europe [18] 39
Tableau I. 6: Données européennes sur le recyclage des chaussées de béton et d'asphalte [14] 40
Tableau I. 7: Exigences relatives à la composition des granulats recyclés issus de produits de démolition en Belgique [55] 63
Tableau I. 8 : Classe de béton en fonction de la teneur maximale admissible de chlorures selon la norme européenne EN 206-1 :2000 [2] 65
Tableau I. 9: Effet du bitume sur la résistance en compression du béton à base de granulats recyclés [38] 65
Tableau I. 10: Coefficient d'absorption d'eau des granulats recyclés 67
Tableau I. 11: Coefficient Los-Angeles des granulats à base de béton démoli à différent rapport E/C [38] 69

CHAPITRE II
Tableau II. 1 : Principales caractéristiques d'un BCR pour Barrage et d'un BCR pour chaussée [84] 79

CHAPITRE IV
Tableau IV. 1 : Composition chimique du ciment 119
Tableau IV. 2 : Caractéristiques de la roche mère calcaire 120
Tableau IV. 3: Identification des granulats naturels et recyclés utilisés 120
Tableau IV. 4 : Eprouvettes utilisées pour la réalisation des essais sur les différents bétons 125
Tableau IV. 5: Composition du béton naturel 128
Tableau IV. 6: Procédure de malaxage du béton naturel 129
Tableau IV. 7: Composition du béton recyclé (BR-C25/30) 129
Tableau IV. 8: Procédure de malaxage du béton recyclé 130
Tableau IV. 9: Compositions optimales du BCR à base de granulats naturels (GN) et recyclés (GR) de départ [86] et les pourcentages volumiques de Faury [126] 133
Tableau IV. 10: Composition granulaire de départ pour le BRCR 134
Tableau IV. 11: Rapport S/G optimal pour la composition optimale du BRCR 135
Tableau IV. 12: Optimisation de la quantité d'eau pour le rapport S/G optimal 136
Tableau IV. 13: Composition optimale du Béton Compacté Rouleau à base de 100% de gros et fins granulats recyclés (BRCR) 136
Tableau IV. 14: Procédure de malaxage du BCR 137
Tableau IV. 15 : Pénétration des ions chlorures basée sur la charge passée [141]. 144

Tableau IV. 16 : Probabilité de corrosion d'après les relevés de potentiel par demi-pile [144] 146

CHAPITRE V
Tableau V. 1 : Augmentation en particules fines des gros granulats après malaxages .153
Tableau V. 2 : Forme des granulats utilisés..154
Tableau V. 3 : Masses volumiques des granulats utilisés 155
Tableau V. 4 : Pourcentage d'absorption d'eau des granulats utilisés.........................156
Tableau V. 5 : Propreté et impuretés des granulats utilisés..156
Tableau V. 6 : Dureté des granulats utilisés 157
Tableau V. 7 : Teneur moyenne en chlorures dans les dalles en béton naturel, vieillies pendant une année dans la solution agressive 157
Tableau V. 8 : Teneur moyenne en sulfates (%) dans les dalles en béton pollué naturel, vieillies pendant une année dans la solution agressive..157
Tableau V. 9 : Teneur en chlorures dans les granulats..160
Tableau V. 10 : Teneur en sulfates dans les granulats...160
Tableau V. 11 : Propriétés à l'état frais des bétons réalisés..163
Tableau V. 12 : Propriétés à l'état durci des bétons réalisés..164
Tableau V. 13 : Résistance en compression des bétons réalisés. 165
Tableau V. 14: Résistance en traction des bétons réalisés 167
Tableau V. 15 : Module d'élasticité des bétons réalisés...168
Tableau V. 16: Absorption initiale et coefficient de sorption des différents bétons réalisés 171
Tableau V. 17: Porosité des différents bétons réalisés. 173
Tableau V. 18: Comportement aux cycles de gel et de dégel des différents bétons réalisés 176
Tableau V. 19 : Migration des ions chlorures dans les différents bétons réalisés........177
Tableau V. 20 : Probabilité de corrosion d'après les relevés de potentiel par demi-pile [145]. 187

LISTE DES FIGURES

CHAPITRE I
Figure I. 1: Production totale des déchets en Europe par secteur [3] 22
Figure I. 2 : La gestion des déchets municipaux en Europe de l'Ouest [3] 23
Figure I. 3: Organigramme développé en LMDC – Toulouse et présentant la stratégie d'étude conduisant à la valorisation des sous-produits ou à la stabilisation des déchets [13] 28
Figure I. 4 : Production totale des débris C&D en Europe [18] 29
Figure I. 5 : Résidus des chantiers de construction et de démolition [22] 30
Figure I. 6 : Composition de base des déchets de démolition en Europe (2004) [14] 30
Figure I. 7 : Origine des déchets de construction et de démolition en Belgique [25] 31
Figure I. 8 : Cycle de traitement des déchets C&D [25] 32
Figure I. 9 : Secteurs utilisateurs de matières plastiques en Europe [2] 36
Figure I. 10: Débouchés du granulat recyclé au Pays-Bas [1] 40
Figure I. 11: Modèle du cycle de vie d'un Bâtiment ou d'un Ouvrage d'Art [33] 49
Figure I. 12: Concasseur à mâchoires 51
Figure I. 13: Concasseur à percussion 52
Figure I. 14: Concasseur à marteau 52
Figure I. 15 : Concasseur giratoire 53
Figure I. 16: Concasseur à sole tournante 53
Figure I. 17 : Concasseur à cylindres dentés 54
Figure I. 18: Schémas de fonctionnement d'une centrale de recyclage / concassage [41] 56
Figure I. 19: Courbes granulométriques des graves concassées au moyen des concasseurs à percussion et à mâchoires. 57
Figure I. 20: Evolution des coefficients de réduction de la granulométrie en fonction des tamisas cumulés. 58
Figure I. 21: Granulométrie d'agrégats recyclés produits par concasseur à mâchoires en un seul passage [38] 60
Figure I. 22: Pourcentage en poids de la pâte de ciment d'ancien mortier attaché aux granulats recyclés [38] 62
Figure I. 23: Pourcentages pondéraux d'impuretés dans les granulats recyclés [57] 63
Figure I. 24 : corrélation entre l'absorption d'eau et la densité des granulats recyclés [38] 68
Figure I. 25: Corrélation entre l'absorption d'eau et la porosité relative des granulats recyclés [36] 68

CHAPITRE II
Figure II. 1 : Influence des particules fines sur la compacité [83] 80
Figure II. 2 : Fuseau granulométrique proposé par Piggot [83] 80

CHAPITRE III
Figure III. 1 : Organigramme des différentes causes de détérioration du béton [95] 90
Figure III. 2 : Représentation schématique d'un milieu poreux [96] 91
Figure III. 3 : Répartition des pores dans le béton [97] 92
Figure III. 4: Perméamètre à l'air type à charge variable [21] 96
Figure III. 5: Méthodes de perméabilité de surface développées par Schölin-Hildsdorf (a) et Figg (b) [21] 97
Figure III. 6 : Définition de la perméabilité [96] 98

Figure III. 7 : Exemple de perméabilité apparente en fonction de la pression moyenne dans le cas d'un essai de perméabilité à l'oxygène pour un béton ordinaire [95] 100
Figure III. 8 : Elément de volume traversé par un flux de constituant donné 101
Figure III. 9 : Cas d'absorption d'eau unidirectionnelle par les matériaux poreux à partir d'une source d'eau libre [21] 104
Figure III. 10 : Cinétique d'absorption d'eau [97] 105
Figure III. 11 : Effets de gel des granulats sur le béton [107] 109
Figure III. 12 : Processus de détérioration du béton par les attaques chimiques [107] . 110
Figure III. 13 : Etapes de la corrosion des armatures [104] 112
Figure III. 14 : Corrosion des armatures par les chlorures – piqûres et coulée de rouille [112] 113
Figure III. 15 : Expansion du béton dû aux sulfates – formation d'ettringite secondaire (a) 114
Figure III. 16 : Détérioration du béton par eau de mer [110] 116

CHAPITRE IV
Figure IV. 1: Caractérisation de la forme des granulats en fonction du coefficient d'aplatissement et celui d'élongation. 121
Figure IV. 2 : Malaxeur planétaire à axe vertical   Figure IV. 3: Accessoires pour la 123
Figure IV. 4: Dalles en béton à base de 100% de gros et fins granulats naturels 126
Figure IV. 5 : Contamination des dalles par capillarité 126
Figure IV. 6 : Identification d'une carotte (2) destinée à l'essai de contrôle de migration des 126
Figure IV. 7: Essai de Vibration sous Pression (EVP) 132
Figure IV. 8 : Courbe granulométriques - Détermination des proportions 4/14 et 14/20 des granulats recyclés 134
Figure IV. 9: Compacité solide optimale du BRCR en fonction du pourcentage volumique du squelette granulaire. 135
Figure IV. 10: Résistance à la compression à 7 jours en fonction de E/C $_{eff.}$ 136
Figure IV. 11 : Extensomètre à béton utilisé 138
Figure IV. 12: Dispositif de l'appareil type « CEMBUREAU » 140
Figure IV. 13: Disque de béton (BT) destiné à l'essai de perméabilité à l'oxygène 140
Figure IV. 14 : Absorption d'eau par succion capillaire 141
Figure IV. 15 : Visualisation de la profondeur de carbonatation d'une tranche de béton (BT) carbonatée 142
Figure IV. 16 : Cellule pour essai de diffusion des chlorures [141] 144
Figure IV. 17 : Dispositif de mesure de la diffusion des ions chlores dans le béton 144
Figure IV. 18 : Mesure du potentiel de corrosion par demi-pile 145
Figure IV. 19 : Prises d'essai sur la poutre en béton armé 146
Figure IV. 20: Variables étudiées 147

CHAPITRE V
Figure V. 1 : Courbes granulométriques des sables naturels (SN) et recyclés (SR) 149
Figure V. 2 : Courbes granulométriques des granulats (4/14) naturels (GN) et recyclés (GR) 150
Figure V. 3 : Courbes granulométriques des granulats (14/20) naturels (GN) et recyclés (GR) 150
Figure V. 4 : Courbes granulométriques des gros granulats naturels (GN) et recyclés (GR) 150
Figure V. 5 : Evolution de la granulométrie des gros granulats naturels secs après malaxage 151

Figure V. 6 : Evolution de la granulométrie des gros granulats naturels saturés d'eau surfaces sèches après malaxage 151
Figure V. 7 : Evolution de la granulométrie des gros granulats recyclés secs après malaxage 152
Figure V. 8 : Evolution de la granulométrie des gros granulats recyclés Saturés d'eau Surfaces Sèches après malaxage 152
Figure V. 9 : Tranche de béton obtenu par sciage, de granulats recyclés gris dans un mortier de ciment blanc 155
Figure V. 10 : Evolution de la teneur en chlorures sur une série de tranches (disques de 1 à 5) d'une carotte prise au milieu d'une dalle de béton vieilli dans la solution chlorures. 159
Figure V. 11 : Evolution de la teneur en sulfates sur une série de tranches (disques de 1 à 5) d'une carotte prise au milieu d'une dalle de béton vieilli dans la solution sulfates. 159
Figure V. 12 : Teneur en chlorures dans les gros granulats recyclés trempés dans la solution Na Cl et dans l'eau 161
Figure V. 13 : Teneur en chlorures dans les granulats recyclés contaminés trempés (j) jours dans l'eau (lixiviation des granulats recyclés riches en chlorures issus de B-Cl). 162
Figure V. 14 : Corrélation entre résistance en compression et masse volumique apparente du béton durci: (a) béton recyclé type BR, (b) béton recyclé type BRCR 166
Figure V. 15 : Corrélation entre résistance en traction et résistance en compression du béton 168
Figure V. 16: Corrélation entre résistance en compression et module d'élasticité du béton durci : (a) béton recyclé type BR, (b) béton recyclé type BRCR 169
Figure V. 17 : Variation de la perméabilité à l'oxygène des bétons type BR 170
Figure V. 18 : Absorption d'eau par capillarité des bétons recyclés type BR 171
Figure V. 19 : Absorption d'eau par capillarité des bétons recyclés type BRCR 172
Figure V. 20 : Corrélation entre absorption initiale et perméabilité à l'oxygène des bétons types BR 172
Figure V. 21 : Corrélation entre absorptivité et perméabilité à l'oxygène des bétons types BR 173
Figure V. 22 : Evolution du front de carbonatation des bétons recyclés type BR 174
Figure V. 23 : Corrélation profondeur de carbonatation et perméabilité à l'oxygène ... 175
Figure V. 24 : Corrélation perte de masse due au cycles de gel-dégel et capillarité 177
Figure V. 25 : Corrélation migration des ions chlorures perméabilité 178
Figure V. 26 : Evolution du retrait à l'air libre 178
Figure V. 27 : Evolution du retrait à l'air libre pendant les 28 premiers jours 179
Figure V. 28 : Perte en masse pendant le retrait à l'air libre en fonction du temps 180
Figure V. 29 : Evolution du retrait à l'air libre en fonction de la perte de masse 180
Figure V. 30 : Gonflement dans l'eau des bétons recyclés type BR 181
Figure V. 31 : Gonflement dans l'eau des bétons recyclés type BRCR 181
Figure V. 32 : Gain en masse des bétons recyclés type BR pendant le gonflement dans l'eau 182
Figure V. 33 : Gain en masse des bétons recyclés type BRCR pendant le gonflement dans l'eau 182
Figure V. 34 : Gain en masse des bétons recyclés, pendant les 14 premiers jours de gonflement dans l'eau 183
Figure V. 35 : Gonflement dans les sulfates des bétons recyclés BR 184
Figure V. 36 : Gonflement dans les sulfates des bétons recyclés BRCR 184
Figure V. 37 : Gain de masse des bétons recyclés BR pendant le gonflement dans les Sulfates 185
Figure V. 38 : Gain de masse des bétons recyclés BRCR pendant le gonflement dans les Sulfates 185

Figure V. 39 : Gonflement des bétons pendant les 28 premiers jours, dans les sulfates 186
Figure V. 40 : Relevés de potentiel par demi-pile sur poutres en béton armé recyclé ..186

REPERTOIRE DES NOTATIONS

Lettres latines et abréviations

BT	: béton témoin à base de 100% de gros et fins granulats naturels vierges
BCR	: béton compacté au rouleau à base de 100% de gros et fins granulats naturels vierges
BCR	: béton compacté au rouleau témoin, à base de 100% de gros et fins granulats naturels vierges
BV	: béton naturel vieilli (pollué par exposition à une solution agressive)
B-Cl	: béton naturel (exposé à la solution chlorures) pollué par des chlorures
B-Su	: béton naturel (exposé à la solution sulfates) pollué par des sulfates
B-Em	: béton naturel (exposé à la solution eau de mer) pollué par des chlorures et des sulfates
BR	: Béton recyclé
BR-NV	: béton recyclé non vieilli, à base de 100% de gros et fins granulats recyclés issus du concassage du béton naturel BT
BRCR-NV	: béton recyclé compacté au rouleau non vieilli, à base de 100% de gros et fins granulats recyclés issus du concassage du béton naturel BT
BR-V	: béton recyclé vieilli, à base de 100% de gros et fins granulats recyclés issus du concassage du béton vieilli BV
BR-Cl	: béton recyclé à base de 100% de gros et fins granulats recyclés issus du concassage du béton pollué par des chlorures (B-Cl)
BR-Su	: béton recyclé à base de 100% de gros et fins granulats recyclés issus du concassage du béton pollué par des sulfates (B-Su)
BR-Em	: béton recyclé à base de 100% de gros et fins granulats recyclés issus du concassage du béton pollué par des chlorures et des sulfates (B-Em)
BRCR-V	: béton recyclé compacté au rouleau vieilli, à base de 100% de gros et fins granulats recyclés issus du concassage du béton vieilli BV
BRCR-Cl	: béton recyclé compacté au rouleau à base de 100% de gros et fins granulats recyclés issus du concassage du béton pollué par des chlorures (B-Cl)
BRCR-Su	: béton recyclé compacté au rouleau fabriqué à partir de 100% de gros et fins granulats recyclés issus du concassage du béton pollué par des sulfates (B-Su)
BRCR-Em	: béton recyclé compacté au rouleau à base de 100% de gros et fins granulats recyclés issus du concassage du béton pollué par des chlorures et des sulfates (B-Em)

e	: épaisseur du granulat [mm]
$E_{abs/GR}$	: masse d'eau absorbée par les granulats [kg]
E_{abs}	: masse d'eau absorbée par les granulats pendant le malaxage [kg]
E_{gr}	: masse d'eau initialement présente dans les granulats [kg]
E_{aj}	: masse d'eau ajoutée pendant le malaxage [kg]
E/C	: rapport entre la masse d'eau et la masse de ciment
E_{effi}	: dosage en eau efficace [kg/m^3]
E_{libre}	: masse d'eau nécessaire au malaxage [kg]
E_{tot}	: dosage en eau totale [kg/m^3]
ES	: équivalent de sable
ESP	: équivalent de sable piston
ESV	: équivalent de sable visuel
GN	: gros granulats naturels
GR	: gros granulats recyclés
GR-NV	: gros granulats recyclés non vieillis
GR-V	: gros granulats recyclés vieillis
GR-Cl	: gros granulats recyclés pollués par des chlorures
GR-Su	: gros granulats recyclés pollués par des sulfates
GR-Em	: gros granulats recyclés pollués par des chlorures et des sulfates
l	: largeur du granulat [mm]
L	: longueur du granulat [mm]
M_{air}	: masse de l'éprouvette d'essai, pesée dans l'air [kg]
M_{eau}	: masse de l'éprouvette d'essai saturée, pesée dans l'eau [kg]
M_{enr}	: masse de l'éprouvette d'essai surface latérale enrobée, pesée dans l'air [kg]
MF	: module de finesse du sable
M_{finale}	: masse finale de l'éprouvette d'essai après absorption d'eau [kg]
$M_{initiale}$	: masse initiale de l'éprouvette d'essai avant absorption d'eau [kg]
M_{sec}	: masse de l'éprouvette d'essai séchée à 105°C [kg]
MV_{mort}	: masse volumique du mortier ancien attaché au granulats naturels après concassage [kg/m^3]
MV_{nat}	: masse volumique des granulats naturels [kg/m^3]
MV_{recy}	: masse volumique des granulats recyclés [kg/m^3]
p	: coefficient d'aplatissement des granulats [mm]
P_{int}	: perméabilité intrinsèque du béton [m^2]
q	: coefficient d'élongation des granulats [mm]
Rc	: résistance en compression [MPa]

Rt	: résistance en traction par fendage [MPa]
Rt/Rc	: rapport entre la résistance en traction et la résistance en compression
SN	: sable naturel
SR	: sable recyclé
SR-NV	: sable recyclé non vieillis
SR-V	: sable recyclé vieilli
SR-Cl	: sable recyclé pollué par des chlorures
SR-Su	: sable recyclé pollué par des sulfates
SR-Em	: sable recyclé pollué par des chlorures et des sulfates
S/G	: rapport entre la masse du sable et la masse du gravier
SSS	: saturée d'eau surface sèche
V_{solide}	: volume du solide [m^3]
V_{total}	: volume total [m^3]
x	: pourcentage de granulats recyclés g_1 (10/14)
y	: pourcentage de granulats recyclés g_2 (14/20)
y_i	: refus partiel classe granulaire i
$y_{i,réf}$	: refus partiel classe granulaire i de référence
$y_{i,rec}$	: refus partiel classe granulaire i reconstitué

Lettres grecques

α	: coefficient d'absorption d'eau des granulats recyclés
γ	: coefficient de compacité du béton
$γ_{app}$	: masse volumique apparente des granulats [kg/m^3]
$γ_r$	: masse volumique réelle des granulats [kg/m^3]
ΔRc/Rc	: variation relative de la résistance en compression [%]
ΔRt/Rt	: variation relative de la résistance en traction par fendage [%]
ΔE/E	: variation relative du module d'élasticité [%]
ε	: porosité de l'éprouvette d'essai du béton durci [%]
$ρ_x$	: masse volumique du constituant x [kg/m^3]
$Ø_{solide}$	: compacité solide
$Ø_{s.eff}$	: compacité solide efficace

Introduction générale

Au cours de ces dernières années, le recyclage des déchets a fait son entrée dans plusieurs domaines, notamment dans le monde de la construction, dans la mesure où ce secteur fait partie des industries produisant de gros volumes de déchets.

Le tissu urbain ne cesse de consommer des millions de tonnes de matériaux de construction et de produire en parallèle des millions de tonnes de déchets de démolition, principalement à base de béton et de maçonnerie [1]. La disponibilité de décharges facilement accessibles autour des grandes villes a diminué, les distances entre les sites de démolition et les décharges publiques sont devenues plus grandes et des pénuries d'agrégats naturels de qualité sont apparues dans plusieurs zones urbaines.

Dans ce contexte, pour un futur plus sain et rassurant, des contraintes d'ordre économique et écologique imposent de plus en plus la nécessité du remplacement des matériaux naturels utilisés dans le domaine de Bâtiment et des Travaux publics par des matériaux locaux de substitution comme les granulats recyclés.

En général, les granulats recyclés se distinguent des granulats naturels par la gangue de mortier d'ancien béton qui les entoure et la présence d'impuretés. Ils ne peuvent pas être considérés comme inertes : ils peuvent en effet influencer le processus d'hydratation et modifient la texture du béton.

Les études menées dans le cadre de ce projet sont basées sur des granulats recyclés préparés en laboratoire. En pratique, les granulats recyclés peuvent être contaminés (ou pollués) par différentes substances agressives comme les chlorures et les sulfates. **L'objectif principal de cette recherche est d'étudier l'influence des granulats recyclés contaminés sur les performances et la durabilité du béton. Deux types de bétons ont été étudiés : un béton de structure (C25/30) et un Béton Compacté au Rouleau (BCR).** Les granulats recyclés sont obtenus par concassage de dalles de béton, vieilli (pollué) dans trois solutions différentes (chlorures, sulfates et eau de mer).

Afin d'atteindre les objectifs mentionnés ci-dessus, notre thèse a été structurée sur base de deux grandes parties. La première partie est composée des trois premiers chapitres et fait l'objet d'une recherche bibliographique tan disque la deuxième partie concerne l'approche expérimentale et regroupe les deux derniers chapitres.

Dans le premier chapitre, nous présentons une revue bibliographique détaillée sur les granulats recyclés et les bétons à base de granulats recyclés. La politique et l'utilisation des déchets et sous produits industriels dans le génie civil ainsi que l'activité de recyclage des matériaux de construction et de démolition dans le monde sont présentées. L'historique et l'intérêt du recyclage sont soulignés et l'aspect normatif est également abordé. Le développement de l'activité de recyclage en Belgique est examiné et la situation en Algérie est discutée. En comparaison avec les granulats naturels, les propriétés des granulats recyclés et leurs caractéristiques spécifiques sont discutées. Les propriétés physiques et mécaniques du béton à base de granulats recyclés sont aussi présentées.

Le deuxième chapitre présente une revue bibliographique sur l'historique, l'utilisation et les spécificités du Béton Compacté au Rouleau (BCR). Des données relatives aux propriétés aux états frais et durci du BCR sont présentées et la durabilité est également abordée.

La durabilité du béton est examinée dans le troisième chapitre. Les bases théoriques des phénomènes de transports dans le béton sont abordées par analyse de la structure poreuse du béton lui-même ainsi que les lois de transport au sein de ce béton. La perméabilité, la carbonatation et le comportement aux cycles de gel dégel du béton sont revus et la durabilité du béton vis-à-vis des eaux agressives est abordée.

Le quatrième chapitre résume les différents matériaux et procédures utilisées dans le cadre du programme expérimental. Le vieillissement du béton naturel est discuté. La composition, l'identification et les procédures de malaxage sont abordées; les modalités des essais sont également présentées.

Le cinquième chapitre est consacré à l'analyse et à la discussion des résultats de l'étude expérimentale. Les granulats naturels et recyclés sont caractérisés et comparés. La progression des chlorures et des sulfates dans le béton naturel vieilli ainsi que dans les granulats est examinée. Les propriétés des bétons recyclés aux états frais et durci sont analysées et la durabilité du béton est déduite de l'étude de son vieillissement dans le temps.

Enfin, les conclusions générales ainsi que les recommandations pour de futurs travaux sont présentées.

Chapitre I

Granulats Recyclés et Béton de Granulats Recyclés

I.1. Introduction

Le recyclage n'est pas un luxe ou une mode mais une nécessité, qui provient d'une constatation fort simple : nous vivons dans un monde limité.

S'il n'est pas possible de supprimer la production de déchets, sous produits ou résidus industriels ou urbains, il convient alors de définir les meilleures conditions de valorisation. Presque toutes la activités industrielles portant atteinte aux ressources naturelles et dégradant l'environnement, le recyclage et la valorisation des déchets est un devoir autant qu'une nécessité.

En effet, pour des raisons économiques, règlementaires, commerciales et environnementales, la valorisation des déchets (industriels, municipaux et de l'industrie de construction) dans le béton, est en cours de développement ces dernières années dans plusieurs pays développés.

Dans ce chapitre, nous présentons les différents déchets dans le génie civil ainsi que l'activité du recyclage des matériaux de construction à travers le monde. Les caractéristiques des granulats recyclés et les propriétés mécaniques et durabilité du béton à base de granulats recyclés sont discutées.

I.2. Valorisation des déchets et sous produits industriels dans le génie civil

I.2.1. Généralités

La directive cadre du conseil Européen du 15 juillet 1975, relative aux déchets en donne une définition juridique dans son article 19 : ''On entend par déchet toute substance ou tout objet dont le détenteur se défait ou a l'obligation de se défaire en vertu des dispositions nationales en vigueur'', ce qui donne aux pouvoirs publics nationaux toute latitude pour déterminer ce qui est déchet et ce qui ne l'est pas [2].

Tout objet qui doit être jeté car il est cassé, usé, contaminé ou abîmé d'une manière ou d'une autre, pour certains, sera qualifié de déchet, mais ne sera pas nécessairement considéré comme tel par les autres. L'histoire nous montre que, de tout temps, les déchets des uns ont constitué des trésors pour les autres. De plus, plusieurs applications nous montrent que ce qui était déchet hier, peut être valorisé aujourd'hui compte tenu de l'évolution des conditions techniques ou économiques.

Le recyclage, la réutilisation, le réemploi, la régénération ou la valorisation sont des comportements qui visent à minimiser l'énergie utilisée, à tirer un parti maximum des matériaux et réduire les risques de pollution au moment de la fabrication, de l'utilisation ou de l'élimination de ces matériaux. Cela signifie que l'on cherche à retarder le plus possible le moment où un objet devient un déchet.

I.2.2. Politique de gestion des déchets

S'il n'est pas possible de supprimer la production de déchets, sous produits ou résidus industriels ou urbains, il convient alors de définir les meilleures conditions de valorisation. C'est dans ce contexte, que le monde s'est penché, il y a une cinquantaine d'années sur le problème de gestion des déchets.

La quantité de déchets produits chaque année dans l'Union Européenne est estimée à 3 milliards de tonnes [3]. La figure I.1, illustre la production totale des déchets en Europe en 2002 par secteur.

Les déchets doivent être gérés dans les conditions nécessaires pour en limiter les effets négatifs sur l'air, le sol, la flore, la faune, éviter les incommodités par le bruit et les odeurs et, d'une façon générale, éviter de porter atteinte à l'environnement et à la santé de l'homme. La gestion des déchets doit être effectuée prioritairement par la voie de la valorisation ou, à défaut, par la voie de l'élimination.

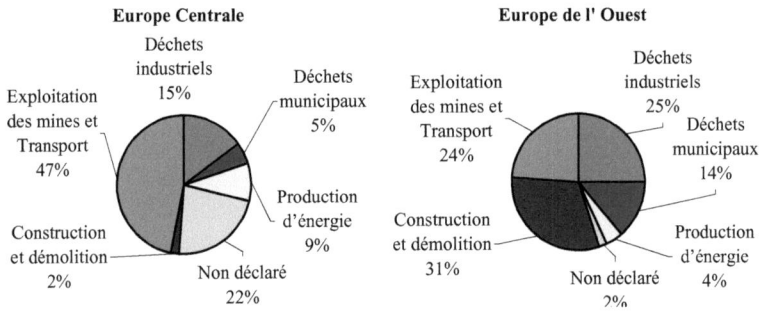

Figure I. 1: Production totale des déchets en Europe par secteur [3]

Dans ce contexte, la politique de gestion des déchets s'articule autour de trois axes fondamentaux :
• réduire le flux des déchets à la source;
• accroître la récupération et la valorisation en procédant de différentes manières :
- le recyclage, qui consiste à refaire le même produit que le produit initial ;
- la réutilisation, qui consiste à fabriquer un autre produit que celui qui a donné naissance au déchet ;
- le réemploi, qui consiste à prolonger la durée de vie d'un produit ;
- la régénération, qui consiste à redonner au déchet les qualités et propriétés du produit initial par un ou plusieurs procédés adaptés ;
- la valorisation énergétique, par incinération.
• éliminer et traiter proprement le déchet pour qu'il n'ait plus d'impact négatif sur l'environnement.

Cette troisième étape est l'étape ultime et n'intervient que si toutes les autres possibilités ont été envisagées. Suivant les pays, les taux de recyclage et de valorisation atteints varient, en fonction des politiques qui sont menées auprès des citoyens et des industriels (Fig. I.2).

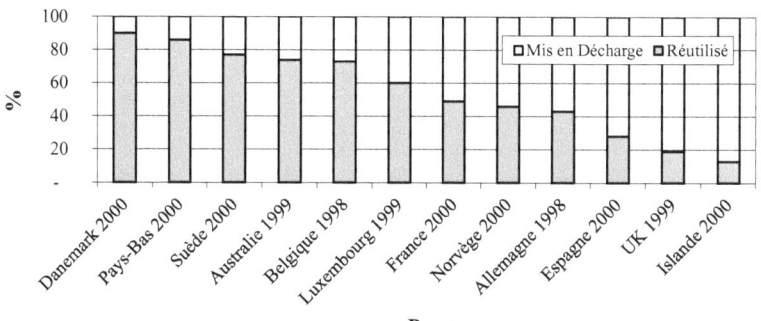

Pays
Figure I. 2 : La gestion des déchets municipaux en Europe de l'Ouest [3]

I.2.2.1. Contexte juridique et directives européennes

Au niveau européen, un produit de construction n'est réputé apte à l'emploi que s'il est conforme à une spécification technique unifiée et porte le marquage CE. Dès 1975, la directive du 15 juillet relative aux déchets (75/442/CEE), modifiée par la directive du 18 mars 1991 (91/156/CEE), précisait des dispositions définissant comme priorités la récupération et le recyclage des déchets, ainsi que leur valorisation, y compris sous forme thermique. En 1992, les politiques menées au sein de l'Union Européenne intégraient un certain nombre d'initiatives liées au problème des déchets de construction et de démolition (C&D). La commission Européenne lançait le *Priority Waste Stream programme*, qui définissait six flux de déchets, dont les débris de construction et de démolition, nécessitant des actions prioritaires. La directive du (89/106/CEE), modifiée par la directive du 22 juillet 1993, avait pour objectif d'assurer la libre circulation de l'ensemble des produits de construction dans l'Union Européenne, par l'harmonisation des législations nationales concernant les exigences essentielles de ces produits en matières de santé, de sécurité et de bien-être.

I.2.2.2. La gestion des déchets dans le monde

A. L'Autriche

En Autriche, les résidus des matériaux de construction estimés à 26 millions de tonnes par an, représentent 57% du volume total des déchets [4]. L'article 17, clause 2 de la loi sur la gestion des déchets (décret fédéral N° 269/1991), entrée en vigueur en 1993, formait une base légale pour la séparation et la réutilisation des résidus de matériaux de construction. Dans un but économique et écologique, les deux associations autrichiennes (ÖGSV[1] et ÖBRV[2]) chargées de la protection de qualité des matériaux de construction recyclés, ont publiées cinq guides pour les matériaux de construction. Une des exigences des guides est que 'seuls les matériaux de construction recyclés à qualités contrôlées peuvent être utilisés en Autriche'.

---

[1] Österreichister Güteschutzverband Recycling-Baustoffe
[2] Österreichischer Baustoff-Recycling Verband

B. La France

En France, la réglementation relative à l'élimination des déchets est ancienne (depuis 1975) et avait pour objectifs de supprimer les décharges et les remplacer par des « centres d'élimination techniques ». A partir de 2002 et jusqu'à ce jour, ces lieux de stockage réglementé ne prennent en charge que les déchets « ultimes », résidus de produits qui ont subi un traitement préalable. Les orientations de la politique des déchets sont définies à partir de quatre lois [5] : la loi du 15 juillet 1975 (75-633) relative à l'élimination des déchets et à la récupération des matériaux, modifiée par la loi du 19 juillet 1976 (76-633), relative aux installations classées pour la protection de l'environnement, modifiée par la loi du 13 juillet 1992 (92-646), qui complète et modifie les deux précédentes, modifiée par la loi du 2 février 1995 (95-101), qui introduit en outre la notion de taxe à payer jusqu'en 2002. Dans le domaine de la construction, beaucoup d'actions sont menées afin d'enclencher des opérations contribuant au respect de l'environnement. En 1975, la FNB[3] et ses partenaires avaient engagé une action visant à diminuer les coûts et à optimiser la gestion des déchets. Les déchets de chantier de bâtiment, évalués à 25 millions de tonnes par an [6], ont été trop souvent oubliés. Les professionnels se sont mobilisés pour permettre la réalisation de structures de gestion afin d'éliminer les déchets du bâtiment à un coût optimisé. Ainsi, le PUCA[4], le CSTB[5], l'association HQE[6] et ses nombreux partenaires entreprennent plusieurs travaux et recherches visant à élaborer un bâtiment qui se montre plus respectueux de l'environnement.

C. L'Espagne

En Espagne, la loi concernant les déchets (91/156 /EEC) a été approuvée en avril 1998. Cependant, les communautés autonomes espagnoles de Catalogne, du Pays Basque et de Navarre avaient déjà adapté leurs lois au règlement européen. Concernant les déchets de construction et de démolition, parmi douze stations de concassage mobiles (recensées en 2000) utilisées pour le recyclage, sept sont opérationnelles en Catalogne, deux à Madrid, deux dans le pays Basque et une dans les Asturies [7].

D. L'Italie

En Italie, la production annuelle des déchets (C&D) est estimée au environ de 20 million de tonnes [8]. L'expérience italienne en matière de gestion des déchets de démolition et de construction date de 1997. A cette époque, le décret exécutif (22/97) avait pour but d'établir la politique de gestion des déchets, installée par la stratégie européenne et basée sur l'hiérarchie : minimisation des déchets, préservation des ressources, recyclage et récupération d'énergie. Aujourd'hui, les établissements ou entreprises qui mettent en œuvre la récupération et le recyclage des déchets, peuvent être exemptées de l'exigence du permis si le type et l'origine des déchets, le genre des opérations de recyclage et le type de productions sont conformes au décret 5/2/98. Les autorités compétentes ont pris certaines mesures appropriées, afin que les entreprises de production des matériaux recyclés travaillent en accord avec les normes nationales et européennes, en se basant sur les performances techniques du produit et non pas sur son origine ni sa composition.

---

[3] Fédération Nationale du Bâtiment
[4] Plan Urbanisme Construction Architecture
[5] Centre Scientifique et Technique du Bâtiment
[6] Haute Qualité Environnementale

E. La Norvège

En Norvège, un pays qui exporte des agrégats vers les différents pays d'Europe, le recyclage des agrégats prend bien sa place. La première installation de recyclage des déchets de béton et de briques a vu le jour en 1996-97 à Oslo [9]. A part des impératifs liés à la protection de l'environnement et à la préservation des ressources naturelles, l'intérêt financièr a conduit le pouvoir politique norvégien à encourager le recyclage par la réalisation de nombreuses applications pilotes marquantes dans le domaine du béton.

F. Cas de la Belgique

En Belgique, il est interdit d'abandonner les déchets ou de les manipuler dans n'importe quelles conditions, sans respecter les dispositions légales et réglementaires en la matière.

Avec ses trois régions (Wallonie, Bruxelles-Capitale et Flandre) confrontées à la problématique des déchets, la Belgique gère ses déchets essentiellement au niveau régional. Ces régions développent leur propre politique et les instruments nécessaires pour son application [1, 10].

En Région Wallonne, les déchets sont gérés par l'Office Wallon des Déchets (Direction des Ressources Naturelles et de l'Environnement du Ministère de la Région Wallonne) qui s'appuie sur les différents arrêtés du gouvernement et le plan Wallon des Déchets « Horizon 2010 ». Un accord de branche a été conclu entre le gouvernement wallon et la CCW[7] et prévoit un ensemble de mesures visant à intégrer la composante environnementale dans le secteur de la construction, notamment en adaptant les cahiers de charges à l'utilisation des produits recyclés et en créant des centres de recyclage.

La Région Bruxelles-Capitale a publié, à la fin du printemps de l'année 1994 [11], un guide pratique et pris un certain nombre de mesures, telles que l'obligation d'évacuer les déchets vers une installation de recyclage et l'adaptation du cahier de charges type au réemploi des débris dans les travaux routiers et d'infrastructures.

De son côté, la Région Flamande a élaboré un plan exécutif concernant les déchets de construction et de démolition, qui décrit une stratégie de prévention, d'utilisation et d'élimination.

La récupération des déchets de construction et de démolition remonte aux années cinquante avec l'apparition de la première installation de recyclage [10]. Cette technique c'est développée dans les années septante (70) et quatre-vingt (80), marquée par d'importants projet pilotes et recherches scientifiques et techniques dans le domaine.

G. Cas de l'Algérie

En absence de chiffres fiables et enquête précise, d'après une étude récente [12] sur la valorisation des déchets de construction en Algérie, menée par le CNERIB[8] et basée sur le rapport "La situation des déchets solides et les progrès accomplis en Algérie" transmis par le Gouvernement algérien à la Commission du développement durable des Nations Unies en 1997, il est estimé que la quantité annuelle de déchets

---

[7] Confédération de la Construction Wallonne
[8] Centre National d'Etude et de Recherche Intégré dans le Bâtiment

urbains produite chaque année en Algérie est d'environ 5.5 millions de tonnes pour une population de 30 millions d'habitants.

La réglementation relative à la protection de l'espace environnemental est définie par les articles 89 et 90 du Chapitre II de la loi 83-03 (1983) et le Décret n° 84-378 du 15 décembre 1984 (loi 83-03) fixe les conditions de nettoiement, d'enlèvement et du traitement des déchets solides urbains. Le Décret n° 84-378 et le Chapitre II du titre IV sont les seuls passages qui régissent juridiquement les déchets solides. En dépit de la reconnaissance de l'impact négatif du déchet, ces quelques dispositions demeurent insuffisantes pour une meilleure prise en charge de la protection de l'espace environnemental.

On constate que dans l'article 2 du Décret n° 84-378, les types de déchets, constituant les déchets solides urbains, sont classés selon l'importance de leur volume. Les déchets de construction, désignés par les termes 'gravats et décombres', viennent en troisième position après les ordures ménagères et les produits provenant du balayage et le curage des égouts. Ils sont considérés au même titre que les ferrailles, les carcasses d'automobiles, les déchets encombrants, ... etc.

Par ce classement, on déduit que les déchets de construction sont minimisés puisque leur volume est considéré moins important que les déchets provenant du balayage et du curage des égouts ; or le volume des déchets de construction (2,2 millions de tonnes par an [12]) est loin d'être négligeable et les place juste derrière les ordures ménagères.

Aujourd'hui, vu le développement et l'intensité de l'activité du secteur BTP[9] dans le pays, il est difficile de négliger la quantité de déchets de construction produite. Au contraire, il est nécessaire de mettre en application la prise en charge de ces déchets.

I.2.3. Utilisation des déchets et sous-produits dans le domaine du génie civil

L'idée d'employer des déchets, y compris les sous-produits de l'industrie, n'est pas neuve pour l'homme. Les déchets produits par les industries du charbon ou de l'acier sont relativement facilement assimilables à des granulats ou incorporables dans des liants : étude de l'emploi du laitier granulé en cimenterie en 1880 [2]. En génie civil, le développement de l'emploi de certains déchets s'est fait en parallèle avec le développement de l'industrie lourde dans le temps.

En général, les besoins du génie civil peuvent être résumés en termes de quatre ordres séquentiels :
1. matériaux, sur lesquels pèsent de faibles exigences et consommés en grande masse ;
2. granulats, qui doivent répondre à des spécifications diverses suivant leur utilisation ;
   liants, qui doivent répondre à des spécifications précises et dont les propriétés doivent rester constantes dans le temps ;
3. activants, qui seront utilisés en petites quantités, ce qui peut poser des problèmes de collecte, stockage, distribution et régularité.

---

[9] Bâtiment Travaux Publics

Dans cette partie, on présente une revue générale des déchets utilisés en génie civil avec une attention particulière sur la valorisation des déchets de construction et de démolition comme agrégats en béton.

I.2.3.1. *Différents déchets et sous-produits utilisés en génie civil*

Les déchets utilisables en génie civil sont les déchets inertes, les déchets ménagers et les sous-produits industriels. En général, les déchets sont classés en cinq catégories :

1. **Déchets inertes**

Ce type de déchets regroupe :
- des déchets solides de construction et de démolition des bâtiments à caractère d'habitation situés ou non sur un site industriel ;
- des déchets solides et inertes de travaux routiers ;
- le béton et mortier de ciment ;
- des terres de déblais non contaminées.

2. **Déchets ménagers et assimilés**

Ce type de déchets regroupe :
- les ordures ménagères individuelles ou collectives ;
- les déchets commerciaux, emballages et autres résidus générés par les activités commerciales.

3. **Déchets spéciaux**

Ce type de déchets regroupe tous type de déchets issus des activités industrielles, agricoles, de soins, de services et toutes autres activités qui, en raison de leur nature et de la composition des matières qu'ils contiennent ne peuvent être collectés, transportés et traités dans les mêmes conditions que les déchets ménagers et assimilés et les déchets inertes.

4. **Déchets en sous-produits industriels dans des conditions spécifiques**

Ils proviennent d'industries générant de très grandes quantités de déchets ou sous-produits industriels, dont les caractéristiques sont bonnes et relativement stables (les scories d'aciéries, le laitier, les cendres volantes, les schistes houillers, etc.).

Une méthodologie a été développée par des chercheurs [13] pour caractériser, puis valoriser ou stabiliser ces sous-produits et déchets (Fig. I.3). L'application de cette méthodologie à des problèmes industriels particuliers a permis d'obtenir, dans la plupart des cas traités et dans un délai de quatre à huit semaines seulement, des éléments importants sur des voies de valorisation potentiel du produit étudié ou de stabilisation du déchets.

5. **Déchets dangereux**

Tous déchets spéciaux, qui par ses constituants ou par les caractéristiques des matières nocives qu'il contient est susceptible de nuire à la santé publique et/ou à l'environnement.

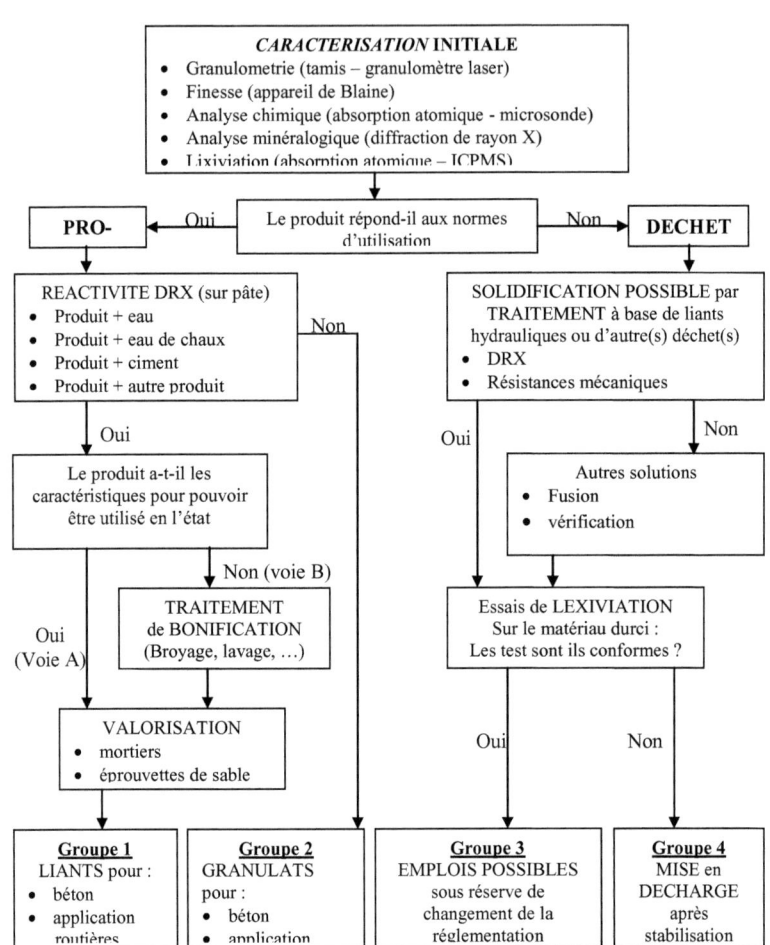

Figure I. 3: Organigramme développé en LMDC – Toulouse et présentant la stratégie d'étude conduisant à la valorisation des sous-produits ou à la stabilisation des déchets
[13]

I.2.3.2. Utilisation des déchets inertes de bâtiment et de travaux publics

La rencontre avec l'industrie routière et le génie civil s'est faite progressivement depuis une soixantaine d'années et a connu une accélération importante depuis 25 ans. Trois types de déchets sont concernés par le recyclage : ceux de la route, ceux provenant de la démolition des ouvrages d'art et des structures de bâtiment et ceux provenant de la construction, réhabilitation et de la démolition des bâtiments.

A. **Les déchets de la route**

Ils sont constitués dans la majorité des cas de béton non armé, renfermant très peu d'impuretés et ne demandant pas de traitements sophistiqués. Temporairement localisés sur le chantier après démolition de la couche de chaussée, ils sont de nature homogène et sont très bien recyclés dans des installations de recyclage mobiles (sur chantier).

B. **Les déchets de démolition des ouvrages d'art et de structure de bâtiments**

Ils sont en majorité constitués de béton armé et présentent très peu d'impuretés. Le recyclage se fait le plus souvent dans des installations fixes. Le seul problème qui figure pour ce type de recyclage est la séparation des aciers du béton qui demande des traitements spécifiques.

C. **Les déchets de la construction, de la réhabilitation et de la démolition des bâtiments.**

La production annuelle en 2004 des déchets C&D est environ de 200 à 300 millions de tonnes dans l'Union Européenne (environ 500 kg de déchets de C&D par habitant et par année) et 200 à 300 millions de tonnes aux Etats-Unis [3, 14, 15, 16]. La production annuelle en 2000 au Japon, était d'environ 85 millions de tonnes de déchets de construction [17].

Le graphique de la figure I.4 donne une idée sur la production annuelle des déchets C&D en Europe.

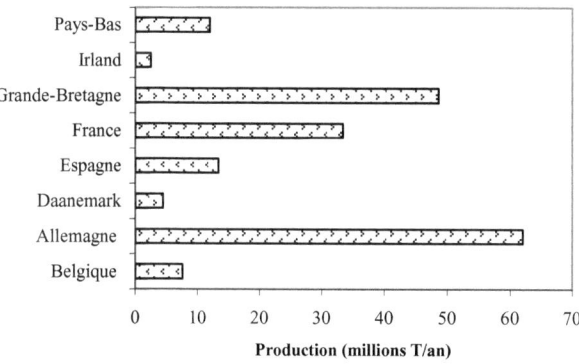

Figure I. 4 : Production totale des débris C&D en Europe [18]

Les déchets C&D forment environ 50 % du volume total des déchets municipaux solides et se composent en majeure partie de béton, d'asphalte et de maçonnerie [19, 20]. Le tableau I.1 montre le type des déchets C&D des différents pays européens.

Les bâtiments de la première moitié du dernier siècle étaient en général construits en maçonnerie, alors que ceux de la deuxième moitié étaient construits en béton. Il est estimé qu'environ 28 % des déchets C&D ont étaient recyclés dans l'Union Européenne en 1990. L'objectif fixé du taux de recyclage par la majorité des pays Européens varie de 50 à 90%. La quantité totale des déchets C&D recyclés au Pays-Bas est proche de 95 % et au Danemark de 90 % [20].

Tableau I. 1: Composition des débris C&D selon le pays (en %) [20]

Matériau	Belgique	Danemark	Espagne	France	UK	Irlande	Pays-Bas
Béton	40	83	20	30	42	30	43
Maçonnerie	41		60	50	28	60	29
Asphalte	12	10	20	5	24	2	20
Autres	7	7		15	6	8	8

En France, les estimations montrent que 43% des déchets C&D proviennent de la démolition, 47% de la réhabilitation et 10% de la construction [6, 21].

Les déchets C&D comportent, en général le sol d'excavation, les résidus des travaux de démolition de route et de sites de constructions ainsi que les déchets de construction. La figure I.5 résume les différents types de déchets de construction.

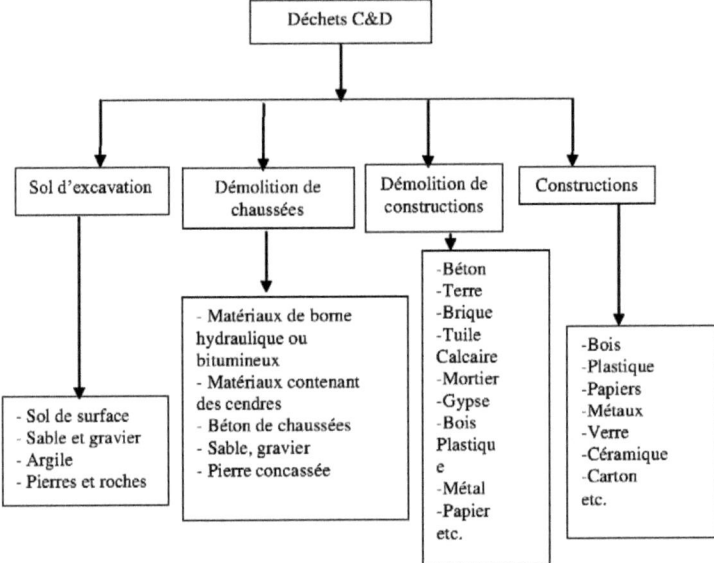

Figure I. 5 : Résidus des chantiers de construction et de démolition [22]

A l'heure actuelle, seule une quantité limitée de déchets C&D est recyclée en un matériau de qualité, comme c'est le cas pour les agrégats recyclés destinés à la fabrication d'un nouveau béton. La figure I.6 illustre la répartition de ce type de déchets en Europe.

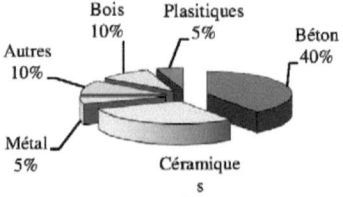

Figure I. 6 : Composition de base des déchets de démolition en Europe (2004) [14]

Les déchets C&D sont très hétérogènes en qualité (mélange de matériaux, granulométrie très variée) et en quantité suivant les régions et les types de chantiers. La complexité de leur nature rend l'élimination des déchets du bâtiment de plus en plus difficile.

Des études récentes [23, 24] ont montré que les matériaux de démolition (chaussées et construction) après concassage, pourraient être assimilées à des granulats et utilisés pour les mêmes emplois en couches de chaussées ou en remblai. Les matériaux de démolition et les déchets de construction (béton, brique, tuile) qui contiennent plus ou moins d'impuretés et notamment du plâtre doivent faire l'objet d'une attention particulière.

- **La situation en Belgique**

Annuellement, la Belgique produit environ 8 millions de tonnes de déchets C&D (c.-à-d. 25 % de la production totale des déchets) dont 3,6 millions sont traitées (c.-à-d. 45 % de récupération des déchets C&D). Ceci représente approximativement 6 % de la consommation principale des agrégats [10]. Les niveaux de production et de recyclage sont, cependant, légèrement différents d'une région à l'autre (Tableau I.2).

Tableau I. 2: Activité de recyclage dans les trois régions Belges [21]

	Production déchets C&D (t/an)	Taux de recyclage	Install. de concassage-recyclage/ site de décharges
Wallonie	2.600.000	37 % (1997)	- 30 CET - 10 Install. recyclage Capacité 650.000 t/an
Flandre	4.600.000	65 % (1998)	80 install. de concassage Capacité 5 Mt/an
Bruxelles	850.000	75 % (1995)	Le traitement des déchets C&D est assuré par les régions wallonne et flamande.

La première installation de recyclage des déchets C&D en Belgique date des années cinquante et, aujourd'hui, on compte plus de 100 installations opérationnelles sur tout le territoire. Environ 75 % des installations sont fixes ou mobiles, avec une localisation fixe. Les 25 % qui restent, sont des installations mobiles [21]. La figure I.7 montre l'origine des déchets C&D en région Wallonne.

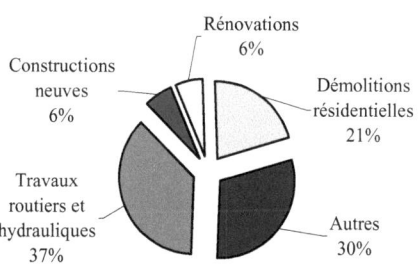

Figure I. 7 : Origine des déchets de construction et de démolition en Belgique [25]

A cause de leur qualité hétérogène, les déchets C&D ne sont utilisés qu'après traitement approprié des matières indésirables (Fig. I.8).

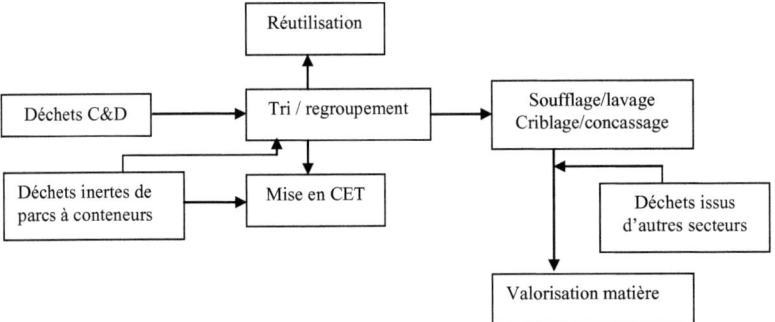

Figure I. 8 : Cycle de traitement des déchets C&D [25]

- **Cas de l'Algérie**

Actuellement, il est difficile de donner des chiffres précis sur les quantités de déchets annuellement produits en Algérie. Les structures sont nouvellement crées et les organismes spécialisés en la matière ne sont pas encore opérationnels. Toutefois, d'après une étude récente [12] sur la valorisation des déchets en Algérie, on estime que la quantité de déchets C&D générée annuellement est de 2,2 millions de tonnes par an (Tableau I.3).

Le parc immobilier dont dispose plusieurs villes d'Algérie nécessite, dans sa majeure partie, des mesures urgentes pour sa sauvegarde : c'est ce que révèlent les différentes expertises effectuées par les services du CTC[10], sur l'état physique du bâti dans notre pays. Des milliers d'immeubles menacent ruine sur tout le territoire national. Rien que pour la capitale Alger, il faut noter que 1521 immeubles, soit 18 % du parc, nécessite une intervention. Parmi ces immeubles, 169 sont à démolir et 1352 demandent une réhabilitation.

Tableau I. 3: Quantité des différents types de déchets issus de l'activité du bâtiment en Algérie (estimation 1996) [12]

Type de déchets mis en Décharge	Quantité en millions de tonnes / an
Déchets domestiques et autres	21,2
Déchets inertes hors Bâtiment	3,3
Déchets de l'industrie du Bâtiment	2,2
Déchets dangereux	0,3

Les déchets issus de l'industrie du Bâtiment sont 'sauvagement' rejetés ou éparpillés dans la nature. Ils sont rejetés aux bords des routes et, le plus souvent, à la sortie des agglomérations. Aucune surveillance ni contrôle ne sont assurés. Le tableau I.4 donne une estimation de la production de déchets de bâtiments en Algérie.

---

[10] Contrôle Technique de la Construction

Tableau I. 4: Production annuelle des déchets de bâtiment en Algérie (estimation théorique) [12]

Type de déchets mis en Décharge	Quantité	
	en millions de tonnes / an	En pourcent
Déchets issus de chantiers de Bâtiment	1,330	49
Déchets issus de travaux de transformation de logement	0,113	27
Déchets issus de la démolition et de la réhabilitation	0,400	15
Déchets issus de la fabrication des matériaux de construction	0,357	9

I.2.3.3. *Utilisation des déchets ou sous-produit industriels*

A. Les déchets de hauts fourneaux

Le laitier de hauts fourneaux est le principal sous produit de l'industrie sidérurgique ; il est constitué de toutes les parties minérales contenues dans la charge du haut fourneau et qui subsistent après l'extraction du fer. Le laitier refroidi lentement à l'air libre devient un matériau cristallisé qui a l'aspect et les propriétés d'une roche magmatique. Après concassage et criblage, le laitier peut être utilisé dans le domaine routier, principalement par la construction des assises de chaussées. Cependant, s'il est suffisamment compact, il peut être utilisé pour la réalisation des couches de roulement. Le refroidissement rapide du laitier dans l'eau conduit à un liant à prise hydraulique (laitier granulé) dont les plus gros éléments jouent le rôle de sable correcteur de la granularité pour le traitement de gravats. Comme ajout, le laitier permet un accroissement lent de la résistance du ciment. Ce type de ciment est recommandé pour des bétons résistants en milieux agressifs (sulfates, eau de mer, ...).

B. Les scories d'aciérie

Les scories d'aciérie sont des résidus constitués par la combinaison à haute température des impuretés de la fonte lors de l'opération de conversion de celle-ci en acier en présence de chaux et d'oxygène. La plupart des scories rencontrées sur le marché proviennent de la fonte hématite traitée par le procédé Linz-Donawitz (LD).

Les scories LD ont une composition chimique différente de celle des laitiers de haut-fourneau. Leur caractéristique principale est la présence d'une quantité importante d'oxyde de calcium libre CaO.

En Belgique, la cahier de charge type 300 du Ministère de la Région Wallonne prévoie l'emploi possible de scorie LD en fondation et sous-fondation pour chaussées, à condition d'avoir une teneur en chaux libre qui ne dépasse pas 4.5% et un gonflement inférieur à 1 % [2].

D'une manière générale, l'emploi des scories LD reste encore très délicat, dans la mesure où il reste difficile, à l'heure actuelle, d'évaluer le risque réel de gonflement dans les granulats ainsi fabriqués : ce phénomène pouvant se dérouler plusieurs années après la mise en œuvre.

C. Les mâchefers d'incinération d'ordures ménagères (M.I.O.M)

Les mâchefers d'incinération d'ordure ménagère (M.I.O.M), représentent une partie des résidus du traitement par incinération d'ordures ménagères, avec le gaz de combustion et les cendres volantes. Après la combustion des déchets entre 900 et 1100°C, les M.I.O.M sont extraits du foyer puis refroidis à l'eau dans une fosse de réception avant d'être repris et dirigé vers un centre de traitement. A ce stade, les M.I.O.M ont l'aspect de solides noirs ou gris plus ou moins divisés et hétérogènes. Après criblage à 20 mm et déferraillage, le produit plus homogène est stocké en parc de maturation pour un minimum de 15 semaines.

Actuellement, les M.I.O.M sont utilisés soit en technique routière soit mis en décharges [2, 22, 26, 27]. En France [22, 27], le ministère de l'environnement a par ailleurs publié en 1994, une circulaire qui précise les conditions environnementales de l'emploi de M.I.O.M en génie civil.

Le traitement de ce matériau par un liant hydraulique peut conduire à des risques de gonflement, ce qui rend limité l'emploi des M.I.O.M non traités [24]. La masse volumique apparente des M.I.O.M secs, après traitement, est de 1100 à 1200 kg/m^3. La masse volumique réelle est voisine de 2500 kg/m^3 [2].

Récemment, Courard [26] a mis en évidence la valorisation potentielle des M.I.O.M pour la fabrication des pavés en béton.

Compte tenu de la grande variabilité de leurs caractéristiques, seule une démarche qualité incluant toutes les phases de l'élaboration de ces produits pourrait permettre une assurance de leur qualité.

D. Les schistes houillers

L'industrie minière en général et les houillères en particulier produisent des quantités considérables de matériaux stériles. Une petite partie de ces matériaux est utilisée en remblayage souterrain, mais la plus grande partie doit être stockée à l'air libre.

Il y a une dizaine d'années [26], les recherches ont permis d'étendre l'utilisation de ces schistes à d'autres emplois que les remblais. Aux emplois routiers des schistes noirs (couche de forme, assises et plates formes industrielles), s'ajoutent l'utilisation comme matière première, notamment pour la fabrication de brique, et l'emploi en cimenteries pour incorporation soit au cru, soit comme combustible. Les schistes rouges peuvent être utilisés comme des granulats routiers selon les spécifications des granulats naturels.

En Belgique, les cahiers des charges W10 et 300 du Ministère de l'Equipement et des Transport et du Ministère de la Région Wallonne, définissent les caractéristiques minimales des schistes rouges utilisables en construction routière [2].

E. Les pneus usagés

Les vieux pneus peuvent êtres valorisés dans plusieurs domaines. Une première application est le béton bitumineux : les résidus de pneu sont introduits dans le revêtement sous forme de granules ou comme ajout au liant (bitume- caoutchouc). Pour le scellement des fissures, on peut également fabriquer un liant bitumineux avec 15 à 30 % de pneus recyclés, pour réaliser une imperméabilisation ou absorber les caoutchoucs [2].

Les pneus peuvent être utilisé pour alléger les remblais, soit sous forme déchiquetée, soit en entier. Les pneus servent aussi à la stabilisation des pentes, à la réduction des contraintes au niveau des tuyaux enterrés sous des remblais importants, à la réalisation de murs anti-bruits, ...

La directive européenne (2000/76/EC[11]) précise les dispositions définissant comme priorités la récupération et le recyclage des pneus usagés et trace comme but le doublement du taux de recyclage de ce type de déchets en 2008 [14].

En France [28], les recherches ont porté, d'une part sur la poudrette de caoutchouc utilisée comme liant en association avec le bitume et, d'autre part, sur l'utilisation des pneus découpés comme armature de remblai (procédé Pneu-Sol). Cette technique de pneu découpés est également opérationnelle dans plusieurs pays européens : elle est pratiquée sur de nombreux chantiers en s'appuyant sur les documents spécifiques du réseau technique.

Le "pneusol" est un procédé associant des pneus et des sols, de façon à renforcer un sol et lui conférer de meilleures caractéristiques géotechniques. La caractéristique essentielle du pneusol est d'être un matériau déformable et les ouvrages construits avec celui-ci sont donc souples, capables de supporter sans dommage des tassements différentiels importants. Une autre caractéristique est la rapidité, au même rythme que la réalisation du remblai.

En Nouvelle Zélande, on a utilisé de la poudre de caoutchouc, obtenue en broyant de vieux pneumatiques, pour réaliser des revêtements de salles de sport. On a également utilisé de la poudre de caoutchouc dans la construction de routes, en utilisant du caoutchouc granulé comme additif du bitume [29].

En Algérie [30], un projet pilote (Déviation de la ville de Bousmail) premier dans son genre a vu le jour en 2005 et tente de mettre la lumière sur cette technique du "pneusol" et de dévoiler l'intérêt que peut apporter cette méthode coté résistance, économique et environnemental (absorption des déchets pneumatiques en abondance dans la nature). Les travaux du projet consistent en la réalisation d'un remblai par la technique "pneusol" afin d'augmenter la stabilité du talus de la route de Bousmail. Jusqu'à ce jour, l'ouvrage ainsi réalisé est très stable et ne présente aucun risque de glissement ou même d'instabilité locale par rapport aux inclusions en pneus ou par rapport à l'ensemble du talus.

F. **Le retraitement en place des chaussées**

Il s'agit d'une technique destinée à recréer, à partir d'une chaussée dégradée et inadaptée au trafic à supporter, une structure homogène et stable. Elle consiste à traiter en place les matériaux existant avec apport de liant et éventuellement de matériaux complémentaires pour obtenir une nouvelle couche de base ou de fondation. Le retraitement permet d'améliorer la portance et le profil de la chaussée tout en limitant

---

[11] JO L 332.12.2000

l'apport de granulats «frais» et en modifiant le moins possible les caractéristiques géométriques.

Le liant généralement utilisé est le ciment qui s'accommode le mieux avec la présence d'argile, fréquente dans les anciennes chaussées, et procure au matériau traité une rigidité et une résistance à l'orniérage bien supérieures. Cette technique [28] n'est pas récente puisqu'elle a fait apparition en Europe dans les années cinquante. Depuis quelques années, elle connaît un regain d'intérêt, dû principalement à un net renchérissement du coût des techniques routières. Son domaine d'application est plus particulièrement les chaussées classiques à trafic faible ou modéré.

G. Les déchets plastiques

L'élimination des matières plastiques pose aux pays industrialisés, gros consommateurs, des problèmes qui ne peuvent être résolus ni par la mise en décharge, ni par l'incinération. Le recyclage de ces composés, le plus souvent liés aux déchets ménagers, est coûteux et aléatoire. Il nécessite le plus souvent le tri avant le renvoi des masses vers le re-broyage et une éventuelle remise à forme.

La complexité du recyclage des matières plastiques est d'abord la conséquence d'une grande diversité au niveau des applications et des marchés (Fig. I.9).

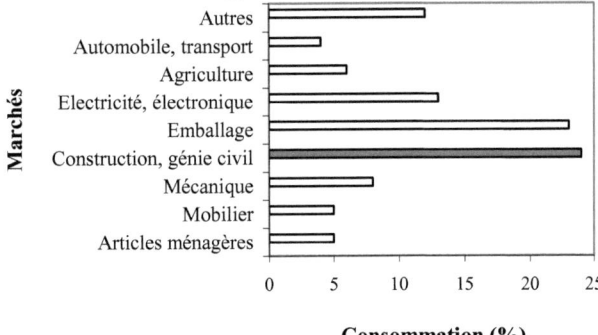

Consommation (%)
Figure I. 9 : Secteurs utilisateurs de matières plastiques en Europe [2]

Actuellement, l'idée maîtresse est d'utiliser d'avantage les déchets plastiques dans des travaux géotechniques, de construction de routes et de voies ferrées.

L'utilisation des déchets plastiques a été envisagée en particulier comme constituant des bétons bitumineux. La première voie explorée dès 1972 [22] a été celle d'un mélange intime avec le bitume ; les différents enrobés spéciaux, utilisant des plastiques neufs ou de récupération existant sur le marché européen, montrent que cette technique est plus qu'opérationnelle. La seconde voie consiste en l'incorporation de plastiques dans les enrobés en vue d'augmenter leurs caractéristiques notamment leur résistance à l'orniérage, cette technique est opérationnelle en France.

H. Autres déchets en étude utilisables en génie civil

Les sables de fonderies, les déchets de carrière et minerais, les boues de stations d'épuration font également l'objet d'études de valorisation sans résultats significatifs pour le moment.

I.2.3.4. *Valorisation des déchets dans l'industrie cimentière*

Le secteur de la construction, grand consommateur de matériaux naturels, utilise déjà depuis de nombreuses années des sous produits d'autres secteurs industriels comme matériaux de substitution (cendres volantes, fumée de silice …etc.).

La valorisation des déchets dans le ciment a pour but de remplir deux rôles en même temps : d'une part, remplacer une partie du ciment et d'autre part, améliorer la qualité de celui-ci. Le remplacement d'une partie du clinker Portland par ce type d'ajout permet de contribuer à la protection de l'environnement (prévention de l'effet de serre) par la réduction de l'émission de CO_2.

A. Les cendres volantes

Les cendres volantes sont obtenus généralement par dépoussiérage électrostatique ou mécanique de particules des fumés de combustion du charbon pulvérisé et elles sont divisées en deux familles : les silico-alumineuses et les sulfo-calciques. Ces cendres contiennent principalement de la silice, de l'alumine et une très faible quantité de chaux.

Des cendres volantes mélangées avec du ciment portland en pourcentage étudié, améliorent l'ouvrabilité des mortiers et des bétons, à cause de leur finesse élevée, de leur forme sphérique et de leur faible masse volumique. Le temps de prise est augmenté. La résistance à la compression diminue au jeune âge, mais elle devient similaire voire même supérieure à celle du ciment sans ajout à long terme [31].

B. Les cendres de la boue des eaux usées

Les cendres de boue utilisées dans la fabrication du ciment sont obtenues par incinération, déshydratation et broyage des résidus du traitement des eaux usées dans les stations d'épuration. Avec la teneur d'ajouts en cendres de boue, les ciments Portland ont des temps de prise supérieurs à ceux du ciment ordinaire [32].

C. Le laitier

Le laitier est un silico-aluminate de chaux qui provient de la fabrication de la fonte élaborée dans les hauts fourneaux des usines sidérurgiques. Les constituants chimiques principaux du laitier sont la chaux, la silice, l'aluminium, la magnésie ainsi que les oxydes de fer et les sulfates.

Le laitier se compose de deux grandes familles ; le laitier de fonte THOMAS obtenue à partir des minerais traditionnels à moyenne teneur en fer, et le laitier de fonte hématite obtenu dans les installations modernes à partir de minerais à haute teneur en fer.

Les ciments Portland aux laitiers se caractérisent par un accroissement lent de leur résistance pendant la période de durcissement. Ces ciments sont utilisés généralement dans les fondations, les bétons exposés aux eaux de mer et les bétons résistants aux milieux agressifs.

Les ciments au laitier sont définis dans la norme européenne EN 197-1 ; ce sont des ciments de type III, repérés A, B ou C suivant qu'il contiennent entre 35 et 65, 66 et 80, 81 et 95 % de laitier, respectivement. Il existe également des ciments Portland au laitier (type II), repérés A-S et B-S, pour une teneur de 6 à 20 et 21 à 35 % respectivement. Enfin, on peut encore trouver du laitier dans les ciments composés de type V, repérés A ou B pour des teneurs de 18 à 30 ou 20 à 38 %, respectivement.

D. La poussière de ciment

C'est une matière sous forme de particules fines, récupérées à la sortie des fours de cimenteries, par filtration des fumées. Sa finesse est comprise entre 7000 et 9000 cm^2/g. Le ciment, avec ajout de la poussière, présente une résistance au gel - dégel comparable à celle du ciment ordinaire. Il offre également une augmentation du temps de prise. Le retrait et le fluage sont élevés ce qui rend le problème délicat en fonction du pourcentage d'ajout [32].

E. Fumées de silice

Les fumées de silice sont des sous-produits de la fabrication du silicium et de ses alliages. Ce ne sont pas toujours des produits de composition constante. La finesse de la silice n'a pas de conséquence directe tant sur les propriétés granulaires que pouzzolanique. La fumée de silice ou ''poussière de silice'' comprend de la silice SiO_2 en pourcentage important, dépendant de la richesse en silicium de l'alliage fabriqué et pouvant aller jusqu'à 98% dans le cas du silicium pur. La fumée de silice est utilisée pour améliorer les caractéristiques mécaniques du béton : cas des bétons à hautes performances (BHP).

I.3. L'Activité du recyclage des matériaux de construction et de démolition : contextes et références

I.3.1. Intérêt du recyclage des déchets de construction et de démolition

Des contraintes écologiques et économiques imposent de plus en plus la nécessité de remplacement partiel des matériaux classiques utilisés dans le domaine du bâtiment et des travaux publics par des matériaux locaux de substitution.

Dans ce contexte, les granulats recyclés issus de la construction et de la démolition, présentent un intérêt particulier, car leur valorisation permet de résoudre le manque de granulats naturels, de prolonger la durée d'exploitation des carrières existantes et, dans le même temps, de réduire les volumes mis en décharge.

L'intérêt économique du recyclage des matériaux de démolition et de construction est conditionné par trois facteurs essentiels :

- le coût des granulats naturels ;
- les charges et les taxes relatives à l'évacuation des produits de démolition et de construction ;
- les coûts de transports.

Afin de préserver l'environnement, les tendances économiques mondiales vont dans le sens de l'augmentation des deux premiers coûts. Le Pays-Bas et la Finlande sont les premiers pays ayant commencé à appliquer en 1990 les taxes relatives à l'évacuation des produits de démolition et de construction, les autres pays de l'Union Européenne ont commencé à appliquer ces mêmes taxes durant la période 1993-2000. Actuellement, les taxes relatives à l'évacuation des produits de démolition et de construction en Pays-Bas et en Finlande sont respectivement de 79 € et de 15 € par tonne [3].

L'épuisement des gisements des granulats naturels à proximité des grandes agglomérations (les plus importants consommateurs en granulats) engendre également un accroissement très important des frais de transport dans le prix des granulats naturels. Par conséquent, des économies importantes peuvent être réalisées sur le plan du transport, car les entreprises de recyclage sont implantées près des métropoles.

En France, une distance de 20 km a été relevée comme la limite au-dessus de laquelle les granulats recyclés deviennent compétitifs par rapport aux granulats naturels [33].

Torring et Lauritzen estiment que 400 millions tonnes de débris de béton, de brique et de pierre sont produits annuellement dans le monde entier et que 75% de ces débris sont du béton [34].

La valorisation des déchets de démolition a dépassé le stade d'expérimentation et connaît un développement assez important. A titre d'indication, le taux de recyclage dans certains pays d'Europe pour l'année 1995 est résumé dans le tableau I.5 suivant :

Tableau I. 5: Taux de recyclage en Europe [18]

Pays	Débris recyclés (millions t/an)	Part du recyclage dans la production de débris (%)	Part du recyclage dans la consommation de granulats (%)
Pays-Bas	7,7	64,2	6,1
UK	7,2	14,8	2,5
Belgique	2,3	30,3	2,6
Danemark	14,9	24,0	3,6
France	3	9,0	0,7
Espagne	0,5	3,7	0,2

Hendricks a mis en évidence que la production et l'utilisation actuelles des agrégats recyclés (issus de béton et de briques) en Europe est proche de 11% et 10% respectivement et estime qu'en 2015 ces quantités augmenteront à 15% et 14% [35].

Un rapport récent de Oikonomou [14] résume l'expérience de certains pays européens dans le domaine du recyclage des chaussées de béton et d'asphalte (Tableau I.6).

Tableau I. 6: Données européennes sur le recyclage des chaussées de béton et d'asphalte [14]

Pays	Année	Matériau	en millions de tonnes	
			Production	Utilisation
Suisse	1999	Chaussée d'asphalte	0,8	0,76
Danemark	1997	Déchets de démolition	1,5 – 2	Petites
		Béton	1,06	quantités
		Chaussée d'asphalte	0,82	0,9
		Matériaux céramiques	0,48	0,82
				0,33
Allemagne	1999	Chaussée d'asphalte	12	6
		Autres matériaux de routes	20	11
		Déchets de démolition	23	4
		Déchet de C&D	9.2	9.2

La majorité des granulats recyclés trouvent jusqu'à présent des débouchés dans le secteur routier [1] - exemple Pays-Bas (Fig. I.10), ce qui explique pourquoi leur production reste timide dans plusieurs pays. En plus, l'utilisation des granulats recyclés dans le béton est contrariée, non seulement par les normes et les réglementations, mais aussi par la méfiance des usagers en raison de leur aspects et de leur caractère de 'déchets'.

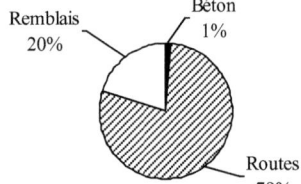

Figure I. 10: Débouchés du granulat recyclé au Pays-Bas [1]

La Belgique produit chaque année environ 1000 kg de déchets de démolition et de construction par habitant. Cette masse de gravats se compose de 40% de béton, 41%de maçonnerie, 12% d'asphalte et 7% d'autres [11]. Dans le granulat recyclé, on distingue le granulat d'asphalte, le granulat de béton et le granulat de maçonnerie. Le résidu est composé des sables de criblage et de concassage qu'il faut considérer comme des sous-produits.

L'application des techniques de démolitions sélectives de "déconstruction" permet d'améliorer la qualité des matériaux recyclés en augmentant la quantité des matériaux de démolition et de construction et de favoriser ainsi leur valorisation.

On peut distinguer trois types de recyclage [36]:
- le recyclage in situ : les installations de recyclage sont mobiles et il s'effectue sur le chantier de démolition ;
- le recyclage sélectif : il est choisi lorsque les matériaux de démolition sont homogènes ;
- le recyclage en site fixe : les matériaux de démolition sont acheminés vers des installations montées en permanence sur un même site.

L'avantage du premier type de recyclage consiste en la réutilisation immédiate des granulats recyclés. De plus, le transport n'intervient pas dans le coût des granulats. Dans le domaine routier, par exemple, la nouvelle chaussée est réalisée à partir du matériau de recyclage de l'ancienne chaussée. L'Allemagne et l'Angleterre possèdent plus d'installations mobiles que fixes.

En revanche, la possibilité de retrait de certaines impuretés est réduite et la qualité des granulats est irrégulière. De ce fait, le champ d'utilisation des granulats ainsi fabriqués reste limité.

Le deuxième type de recyclage nécessite que les quantités stockées soient suffisantes. Le troisième type de recyclage s'effectue dans des conditions industrielles.

En général, les installations fixes sont les plus élaborées, car elles sont les plus 'puissantes' : elle peuvent traiter des matériaux de démolition et de construction variés en produisant des granulats dont la caractérisation est bien contrôlée. Les procédés techniques de production des granulats recyclés influent considérablement sur la qualité du granulat recyclé.

Le schéma de production des granulats recyclés peut être assimilé à celui utilisé pour la production des granulats naturels concassés (réception des matériaux à traiter, scalpage, concassage et criblage).

Du fait de la nature spécifique des matériaux de démolition et de construction, un certain nombre d'opérations sont ajoutées aux fonctions traditionnelles de concassage-criblage :
- stockage sélectif des matériaux réceptionnés ;
- prétraitement : réduction des gros éléments, cisaillage des ferraillages ;
- déferraillage (magnétique) : il peut être effectuer en deux phases, l'une à la sortie du premier broyeur et la seconde après le criblage ;
- des tris manuels et mécaniques pour la récupération des papiers, des bois, des plastiques, etc. : il existe différents systèmes de séparation et de tri, en fonction des éléments à retirer (épuration par flottaison, tables densimétriques, séparation au moyen d'un courant d'air, etc.)

I.3.2. Spécifications unifiées et normes actuelles

L'utilisation des granulats recyclés issus des déchets de démolition et de construction pour la fabrication des bétons a fait l'objet de nombreuses études. En collaboration avec les projets de normalisation entrepris par la RILEM[12] et le CEN[13], cette expérience a permis l'établissement de guides et de recommandations internationaux pour l'utilisation des granulats recyclés dans les bétons.

Selon le projet de norme de la RILEM [37] et les spécifications du CEN [35], les granulats recyclés sont classés en trois catégories :
- **Type I** : granulats provenant de la maçonnerie ;
- **Type II** : granulats provenant du béton de démolition ;
- **Type III** : mélange de granulats naturels (minimum fixé à 80% de la masse totale) et de granulats recyclés (si les granulats sont de type I, le maximum fixé par rapport à la masse totale est de 10%).

---

[12] Réunion International des Laboratoires d'Essais et de recherche sur les Matériaux et les constructions
[13] Comité Européen de Normalisation

Pour chaque catégorie, des exigences concernant les caractéristiques des granulats ainsi que les domaines d'application pour les bétons élaborés sont établis. Les spécifications de ce projet de norme sont développées dans l'annexe 1.

Les sables recyclés (grains de taille inférieure à 4 mm) n'ont pas été pris en compte pour les raisons suivantes :
- l'absence d'épuration et de lavage pendant le procédé d'élaboration fait qu'ils contiennent souvent une quantité importante d'impuretés difficiles à quantifier ;
- le manque de documents relatifs à l'effet des sables recyclés vis-à-vis de la durabilité et des performances des bétons ;
- la difficulté à contrôler la quantité d'eau de gâchage et l'ouvrabilité des bétons contenant notamment du sable recyclé.

En connaissant la qualité de l'ancien béton (E/C, type et quantité d'adjuvant utilisés, origine des agrégats, etc.) ainsi que ses propriétés, la connaissance et les essais sur agrégats de béton recyclé devraient se rapporter aux quatre catégories suivantes [14]:
- données historiques des agrégats de béton recyclé en se rapportant à la composition l'ancien béton, maçonnerie, etc., caractéristiques pétrographiques, données d'ancienne structure ;
- caractéristiques physiques : absorption d'eau, densité, pourcentage de chlorures et de sulfates, pourcentage d'impuretés, alcali-réaction ;
- caractéristiques mécaniques : essais de résistance à l'abrasion (L.A.)
- caractéristiques environnementales.

Actuellement, il existe des normes, des guides, des recommandations, ou des prescriptions pour l'emploi des granulats recyclés. On peut citer par exemple [33, 38, 39, 40 et 41]:

Belgique : PTV[14] 406, COPRO[15] : Version 2 (2003)
Prescriptions techniques pour l'utilisation des granulats recyclés (débris de béton, de débris mixtes, de débris de maçonnerie et de débris asphaltiques) ;

Pays-Bas : Normes pour les soubassements de routes
CUR[16] n° 04 et n° 05 (1986)
Recommandations pour les granulats recyclés dans le béton ;

Suisse SIA 162/4
Recommandations concernant les granulats de béton recyclé destinés aux bétons hydrauliques ;

Allemagne : Recommandations pour les soubassements de routes ;

Danemark : DS[17] 411 (1990)
DCA[18] n° 34 (1989)

---

[14] Prescriptions Techniques
[15] Organisme Impartial de Contrôle de Produits pour la Construction
[16] Commissie voor Uitvoering van Research
[17] Danish Standard
[18] Danish Concrete Association

	Recommandations sur l'emploi des granulats recyclés dans le domaine routier, dans les travaux de fondations et dans le béton et béton armé ;
Royaume-Uni:	Guide 6543 Use of industrially product and waste materials in building and civil engineering (1986);
Etats-Unis :	ASTM[19] C 125 (1979) et ASTM C 33 (1982) dans ces normes relatives aux granulats à béton, les sables et graviers recyclés de béton de démolition sont inclus ;
Japon :	BCJ[20] (1977) Proposition de norme relative à l'utilisation des granulats et des bétons recyclés.

Ces normes, définissent des exigences relatives à :
- la nature des matériaux (analyse visuelle des constituants) ;
- les caractéristiques intrinsèques des granulats (résistance à la compression statique, coefficient Micro-Deval, résistance à l'écrasement, coefficient Los Angeles) ;
- les caractéristiques de fabrication (calibre, indice de forme, coefficient d'aplatissement, teneur en fines, équivalent de sable à 10% et valeur au bleu de méthylène) ;
- les spécifications complémentaires, telles que la teneur en ions chlorures, en éléments affectant la prise et le durcissement du béton, en sulfates et en soufre total ainsi que la stabilité dimensionnelle des granulats.

D'après les recommandations allemandes, on peut utiliser jusqu'à 20% de granulats recyclés dans le béton, sans que cela entraîne des changements importants des caractéristiques de ce béton. Les spécifications japonaises suggèrent quant à elles l'utilisation jusqu'à 30% de granulats recyclés dans les bétons courants.

Au Danemark, les granulats de béton qui satisfont aux recommandations (DS 411 et DCA n° 34) peuvent être utilisés pour toutes les classes de résistance de béton. Dans le cas où un maximum de 20% des graviers naturels serait remplacé, aucune mesure particulière n'est exigée. Au-delà de 20%, il convient d'augmenter les quantités de ciment ou de surdimensionner. Dans le cas où 100% des graviers seraient des granulats recyclés, il est nécessaire de surdimensionner d'environ 10% dans le cas où la flèche calculée est le critère limite. Les granulats de maçonnerie peuvent être utilisés dans le béton pour les classes de résistance inférieure ou égales à C20/25.

I.3.3. Historique et expériences internationales

Le principe de recyclage des matériaux n'est pas nouveau puisqu'il a déjà été utilisé par les Romains. Le principe consistait notamment dans la destruction des statues des Dieux qui n'étaient pas vénérés et les matériaux récupérés servaient à en faire de nouvelles.

---

[19] American Society for Testing Materials
[20] Building Contractors Society of Japan

Devant le fait des villes sinistrées pendant et après la seconde guerre mondiale, le recyclage des matériaux s'est présenté comme une solution envisageable et a connu son début en Europe et plus précisément en Allemagne et en Grande-Bretagne [42]. Les gravats provenant des bâtiments détruits par les bombardements étaient employés pour la reconstruction ; les granulats recyclés obtenus par ce recyclage comportaient une forte proportion de briques, du fait du mode de construction de l'époque

A partir de 1975, les premières tentatives de recyclage ont débuté aux Etats-Unis, plus précisément dans le domaine routier, où les granulats recyclés provenaient du concassage de béton armé et non armé dans les couches de fondation de chaussées.

La première utilisation réelle de béton recyclé était destinée aux sous couches des voies de circulation en Californie et la composition comportait du béton recyclé, de l'asphalte et de 8% de ciment. En 1976, la première réussite de l'utilisation d'agrégats recyclés et celle d'un ancien béton de 41 ans d'âge pour la formulation d'un nouveau béton toujours de chaussée dans l'état d'Illinois suivi par d'autres projets similaires dans d'autres états de 1980 à 1985 [38].

Actuellement, les techniques de production des granulats recyclés à partir de déchets C&D sont assez biens maîtrisées. Le développement de l'activité de recyclage varie d'un pays à l'autre, voire même d'une région à une autre et reste pour l'instant freinée par le problème de l'hétérogénéité des déchets C&D ; le domaine prioritaire de l'emploi des granulats recyclés est le domaine routier.

A. Danemark

Le recyclage a été encouragé depuis 1971 dans le domaine des emballages alimentaires, et, dès 1983, la première expérience de recyclage du béton a eu lieu : les pistes d'atterrissage de l'aéroport de Copenhague ont été reconstruites à partir de béton recyclé provenant des anciennes pistes.

Jusqu'à 1992, la production des granulats recyclés au Danemark était de 30% d'asphalte, suivie par celle de granulats de béton (26%) et briques mêlées au béton (22%). Les matériaux recyclés sont principalement utilisés dans les routes (75%), pour les terrassements (20%) et, enfin, en tant que granulats pour béton (5%) [2].

Actuellement, le Danemark compte le plus grand nombre total d'installations de recyclage dans l'Union Européenne avec 325 installations, dont 40 sont fixes [11] et près de 90% des déchets C&D sont recyclés [20].

A l'heure actuelle, les recommandations techniques préconisent l'utilisation des granulats recyclés dans des environnements passifs (classe P selon la norme DS 411 de 1990 : atmosphère non agressives, sèches). Les professionnels n'utilisent que les fractions supérieures à 4 mm des granulats recyclés et à des pourcentages n'excédant pas 20 à 50% [21].

B. Pays-Bas

C'est le seul pays où des bétons recyclés sont couramment produits, compte tenu du manque de granulats naturels. Les premières installations fixes de recyclage – concassage datent du début des années 60 et, actuellement, on compte plus de 80 installations sur tout le territoire [43].

Aujourd'hui, 95% des déchets C&D sont recyclés [20] et pratiquement toute la production de granulats recyclés est actuellement destinée aux travaux routiers et hydrauliques ; à peine 2% sont destinés à l'industrie du béton (0.2% en 1990).

C. Royaume – Uni

En 1991 [41], les estimations des quantités des déchets dues aux activités de construction et de démolition étaient de 24 millions de tonnes par an ; ils sont passés à 70 millions de tonnes en 1998 [44].

Au Royaume-Uni, 40 à 50% de déchets C&D sont recyclés chaque année [36] et environ 10 % des agrégats utilisés en Grande Bretagne sont des agrégats de béton recyclé [14].

En 1995, le Royaume-Uni comptait au total 127 installations de recyclage dont 15 sont fixes [18] et une production annuelle d'environ 2,8 millions de tonnes.

D. Allemagne

L'expérience allemande en matière de valorisation des matériaux de démolition dans le béton date des années cinquante. La première norme DIN 4163 concernant l'utilisation des granulats recyclés dans le domaine du bâtiment a été publiée en 1951 [21].

En 1985, il y avait 60 stations de recyclage avec une capacité de 10 millions de tonnes par an. En 1992, 43 millions de tonnes de matériaux de démolition ont été obtenus en ex-RFA, dont 35% sont recyclés. Schultz reporte qu'en ex-RFA, il n'était pas autorisé d'utiliser les agrégats de béton recyclé à cause de leur légèreté [38].

En 1995, l'objectif fixé était d'arriver à 60% de recyclage de matériaux de démolition. Les granulats recyclés sont très utilisés et bien adaptés au domaine routier mais des expériences ont été menées par d'autres utilisations.

Des pavés contenant un mélange de déchets de construction recyclés (produit de démolition, bitume, pierre naturelles, briques, etc.), en plus de sable et de gravier sont produits, ainsi que des dalles à gazon comprenant 30% de granulats provenant d'ancien béton et déchets industriels ; elles supportent facilement de lourdes charges [38].

De nos jours, en Allemagne, comme aux Pays-Bas et au Danemark, le recyclage est moins coûteux que la mise en décharge [20]. La technique démolition-recyclage est moins coûteuse que la démolition classique.

E. France

Les déchets de construction et démolition sont estimés à 31 millions de tonnes par an dont environ 21 millions sont des déchets inertes [2].

L'élaboration de granulats recyclés a commencé d'une façon industrielle en 1982. Cependant, en 1976, la première installation mobile est née à Paris et, en 1981, la première installation fixe a été crée à l'occasion de la démolition des abattoirs de la Villette. A partir de 1985, l'activité s'est développée à raison de trois à cinq nouvelles installations créées par an. En 1991, le bilan était de vingt sociétés de recyclage [45].

La production annuelle en granulats recyclés est comprise entre 3 et 4 millions de tonnes, ce qui représente 20 à 30 % du potentiel de matériaux de démolition inertes estimés recyclable (10 à 15 millions de tonnes). Les granulats recyclés représentent moins de 1% de la consommation totale en granulats et 25 % de la production de granulat non issus de carrière, contre 15 % en 1987 [33].

Actuellement, les granulats recyclés sont utilisés en majorité en technique routière, mais ils commencent à être réinsérés dans la filière 'béton'.

En 1995, des blocs de construction en béton à base de granulats recyclés, ont montré la faisabilité technique de l'utilisation des granulats recyclés dans le béton [46].

F. Le Japon

Le Japon génère environ 35 millions de tonnes de débris de démolition chaque année. En 2000, le taux de génération des déchets de matériaux de construction a été de 85 millions de tonnes ; un chiffre qui représente 22 % des 400 millions tonnes des déchets industriels totaux [18].

C'est le seul pays qui classe les impuretés de matériaux de démolition en fonction de leur densité : celles de densité inférieure à 1,95, comme par exemple le plâtre et celles de densité inférieure à 1,2 comme par exemple l'asphalte, le plastique, la peinture, le papier, le bois, etc.

Jusqu'en 1985, les agrégats recyclés ont été utilisés uniquement dans la construction routière. A partir de cette année, l'activité de recyclage s'est développée pour d'autres utilisations. Aujourd'hui, le Japon est le pays qui utilise le plus d'agrégats recyclés après les Pays-Bas, l'Allemagne et la Belgique [38, 47] avec environ 40,000 m^3 de béton recyclé chaque année [17]. Le taux de recyclage des débris de béton est passé de 48% en 1990 à 96% en 2000. De même, le taux de recyclage des débris de béton d'asphalte est passé de 48 % en 1990 à 98% en 2000 [17].

Ces dernières années, des résultats des essais de déformation, d'effort tranchant et de résistance à la flexion sur des petites poutres en béton recyclé sont rapportés [18]. En accord avec ses résultats, les propriétés mécaniques sont comparables aux mêmes poutres à base de 100 % de granulats naturels.

G. Etats-Unis

Actuellement, on compte 250 à 300 millions de tonnes de déchets de construction et de démolition aux USA dont 20 % à 30 % sont recyclés [20].

A partir de 1975, on a procédé au Etats-Unis à la production des granulats recyclés, destinés essentiellement aux travaux routiers [39].

Depuis 1982, les normes ASTM C 33-82 et C 125-79 relatives aux granulats pour béton incluent respectivement les graviers et sables obtenus par recyclage du béton de démolition ; il n'existe pas de vrais barrières à l'utilisation de ce type de granulats [38].

H. Russie

Les données sur l'utilisation des granulats recyclés en Russie sont peu disponibles. Des stations de recyclage de 720.000 m^3/an sont fonctionnelles [38]. Les gros agrégats recyclés sont utilisés dans les fondations et pour la production de nouveau bétons de structure avec une résistance caractéristique de 20 MPa et les agrégats fins sont utilisés comme filer dans l'asphalte.

I.3.4. Belgique

L'industrie du béton consomme annuellement quelque 20 à 25 millions de tonnes d'agrégat brut [1], la quantification des déchets C&D donne une estimation totale de 8 millions de tonnes (c.-à-d. 25 % de la production totale des déchets) dont 3,6 millions sont traitées (c.-à-d. 45 % de récupération des déchets C&D [10]).

La première installation de recyclage des déchets C&D en Belgique date des années cinquante et aujourd'hui, compte plus de 100 installations opérationnelles sur tout le territoire belge. Environ 75 % des installations sont fixes ou mobiles avec une localisation fixe [19].

Les granulats recyclés provenant des stations mobiles sont principalement utilisés dans les travaux routiers pour les fondations en empierrements et comme ajout dans les bétons maigres de fondation de routes. La réutilisation du béton dans le bâtiment est encore au stade de développement. Actuellement en Belgique, 1 à 2% (certains affirment 10%) de la production des granulats recyclés est employé dans la fabrication des bétons [21].

Aux années 80, un mur de soutènement a été recyclé et reconstruit plus largement au même endroit [38].

En 1987, avec l'aide du CSTC[21], un projet très important avait vu le jour en Belgique pour la construction d'une nouvelle écluse à Berendrecht dans le port d'Anvers avec la démolition de 80 000 m^3 de béton armé et le recyclage d'une partie de débris de béton comme agrégats employés à la fabrication du béton servant à la construction des murs de l'écluse. On a obtenus une résistance moyenne du béton à la compression s'élevant à 40 MPa à été obtenue [1].

---

[21] Centre Scientifique et Technique de la Construction

I.3.5. Algérie

En Algérie, des bâtiments publics, des immeubles et des ponts sont démolis après des sinistres naturels comme le séisme et les crues ou simplement par le vieillissement. Les matériaux de démolition sont, pour l'instant, rarement recyclés. L'industrie de construction génère aussi une quantité importante de déchets C&D (briques et béton en particulier) qui est rarement valorisée.

Cependant, dans toutes les villes algériennes et surtout dans les grandes villes, va bientôt apparaître le besoin de démolir ou de déconstruire les anciennes bâtisses coloniales des années cinquante.

La seule tentative de valorisation des déchets de démolition a été tentée en 1981. La ville algérienne d'El-Asnam (Chlef actuellement), a été secouée en octobre 1980 par deux tremblements de terre intenses qui l'ont quasiment réduite en un énorme tas de gravats. Face à quelques milliers de bâtiments (38% des bâtiments) qui devaient êtres démolis et par suite l'évacuation de plusieurs centaines de milliers de tonnes de débris, une opération pilote de recyclage de béton démoli a été menée avec l'aide du CSTC (Belgique), et a démontré qu'il était possible de recycler les débris de béton en blocs de construction de qualité convenables [48].

Dans le but de pouvoir recycler le plus grand nombre de débris et d'adopter les conditions minimales, on a pu réalisé, suivant la composition choisie suivante, des blocs présentant des résistances acceptables (min: 2,1 MPa et max: 7 MPa) [48] :
débris de briques :   30%
débris de blocs de béton :   50%
débris de béton :   10%
impuretés + débris divers (enduits, carrelages, etc.) : 10%

I.4. Les Granulats Recyclés

I.4.1. Introduction

Actuellement, trois types de déchets sont concernés par le recyclage :
- ceux de la construction, de la réhabilitation et de la démolition des bâtiments.
- ceux des ouvrages d'art et des structures de bâtiments ;
- ceux de la route ;

Les déchets de construction, de réhabilitation et de démolition des bâtiments sont très hétérogènes (plâtre, brique, béton, bois, verre, métal, plastique, papier, matière synthétique, fraction terreuse, etc.) ; dans ce cas, un tri s'avère nécessaire et le recyclage de ces matériaux est plus onéreux. La principale difficulté du développement de l'activité du recyclage est cette hétérogénéité des produits de démolition.

Les déchets provenant de la démolition des ouvrages d'art et des structures de bâtiment sont très bien adaptés au recyclage ; ils sont constitués en majorité de béton armé et présentent très peu d'impuretés. Le recyclage se fait le plus souvent dans des installations fixes, c'est-à-dire remontées en permanences sur un même site. La séparation des aciers et du béton demande des traitements spécifiques.

Les déchets de la route (couches de chaussée) sont constitués dans la majorité des cas de bétons non armés contenant très peu d'impuretés et ne demandant pas des traitements sophistiqués. Homogènes, ils sont très bien recyclés, le plus souvent dans des installations de recyclage mobiles, c'est-à-dire localisées temporairement sur le chantier.

Comme pour la majorité des déchets valorisés, les granulats recyclés trouvent actuellement des débouchés dans le domaine routier, mais leur utilisation dans le béton hydraulique commence à ce développer.

I.4.2. Sources des granulats recyclés

Les déchets inertes de l'industrie du béton sont principalement composés de produits défectueux ou cassés, ainsi que de déchets de bétons ou granulats issus des opérations de manutention et de nettoyage. La production des déchets C&D dépend du degré de développement urbain et de l'ancienneté du cadre bâti et des infrastructures.

En Europe, on estime que la durée de vie moyenne d'une habitation est de cinquante ans ; les bâtiments industriels et les ouvrages d'art on une durée de vie supérieure [33]. La figure I.11 illustre le cycle de vie d'un bâtiment ou d'un ouvrage d'art :

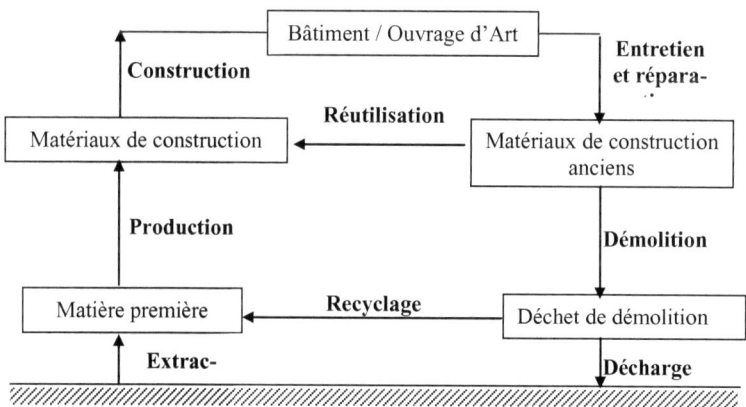

Figure I. 11: Modèle du cycle de vie d'un Bâtiment ou d'un Ouvrage d'Art [33]

La composition des produits de démolition varie selon la nature des ouvrages démolis (bâtiment industriel, bâtiment résidentiel, ouvrage d'art, etc.) et leur date de construction. Ainsi une construction du XIXème siècle repose sur un gros œuvre en pierre, en brique et en métal tandis qu'une construction de la deuxième moitié du XXe siècle est principalement en béton.

Dans le passé, la quasi totalité des déchets de démolition provenait de bâtiments industriels. Actuellement, le rapport entre les bâtiments industriels et les bâtiments résidentiels démolis est de 5/1 [33]. Dans l'avenir, les déchets de démolition seront composés de plus en plus de substances légères et de matériaux composites.

En général, les matériels de traitement des déchets de démolition ne différents pas trop des matériels de concassage utilisés pour la production d'agrégats naturels. Ils comportent divers types de concasseurs, écrans, équipement de transfert et dispositifs pour l'enlèvement de matière étrangère. La première génération comportait deux systèmes : un ouvert et l'autre fermé, les deux systèmes sont généralement dans la réhabilitation de chaussées et projets de recyclage.

I.4.3. Les installations de recyclage

Le matériel de production d'agrégats recyclés n'est pas très différent de celui de la production d'agrégats naturels [38].

Une étude effectuée par l'Association Européenne de Démolition (EDA[22]) en 1992 indique que la répartition des installations de recyclage en opération en Europe est le suivant [49, 50] :
- 220 en Allemagne ;
- 120 au Royaume-Uni ;
- 70 aux Pays-Bas ;
- 50 en France ;
- 43 en Italie ;
- 20 au Danemark ;
- 90 en Belgique.

Ces installations sont habituellement pourvues :
- d'un pont de pesage ;
- d'équipements de prétraitement (bulldozer, grue, etc.) ;
- d'un crible préliminaire pour éliminer les matériaux les plus fins ;
- d'un concasseur primaire ;
- d'un ou plusieurs systèmes électromagnétiques, afin d'éliminer les métaux ferreux ;
- d'une installation de tamisage pour séparer les granulats en fonction des calibres spécifiés.

Les installations les plus perfectionnées peuvent en outre être équipées de séparateurs à air ou d'équipement de lavage ainsi que de concasseurs et cribles secondaires.

I.4.4. Matériel de production

La production de granulats recyclés est en général basée sur trois types d'installations [38]:
- installation fixe : installation avec un ou plusieurs concasseurs d'une assez grande capacité ;
- installation mobile sur site fixe: installation transportable avec un ou deux concasseurs d'une assez grande capacité et permettant le traitement sélectif des matériaux ;
- installation mobile : petite installation transportable avec un concasseur de faible capacité et permettant une réutilisation immédiate des granulats recyclés.

---
[22] Europe Démolition Association

Le principe de fonctionnement de ces installations est semblable à celui utilisé pour les matériaux naturels si ce n'est que les concasseurs doivent traiter des blocs de 0,8 voir 1 mètre de long, souvent armés. De ce fait, leur usure est deux fois plus rapide et entraîne un débit de production beaucoup plus faible qu'en carrière.

Le choix des concasseurs à utiliser est très important : la qualité, la quantité et la granulométrie des granulats recyclés en dépendent en partie. Pour la fragmentation des déchets qui est souvent réalisée en une ou plusieurs étapes, différents types de concasseurs appelés aussi broyeurs ou granulateurs peuvent être envisagés.

1. **Concasseur à mâchoire**

Avec ce type de concasseur, le matériau est cassé par pression entre deux machoires, une fixe et l'autre en mouvement. Ce concasseur a tendance à produire des agrégats de forme plate (surtout pour la maçonnerie). Il est, de ce fait, peu indiqué comme concasseur secondaire par contre, c'est le type de concasseur qui produit le moins de particules fines (10 % max).

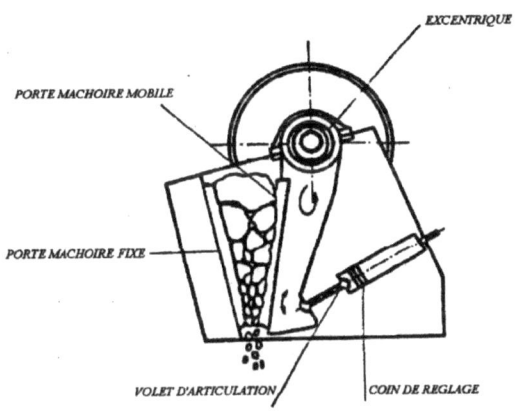

Figure I. 12: Concasseur à mâchoires

2. **Concasseur à percussion**

Un rotor équipé d'un certain nombre de barres d'impact, projette les matériaux à grande vitesse contre les parois de la chambre de broyage garnies latéralement des plaques d'usure et de deux encolures en acier haute résistance. Les agrégats sont produits par choc et éclatement ; ils sont de ce fait très durs et de faible calibre, avec une importante quantité de fins (jusqu'à 40 % de particules < 6 mm).

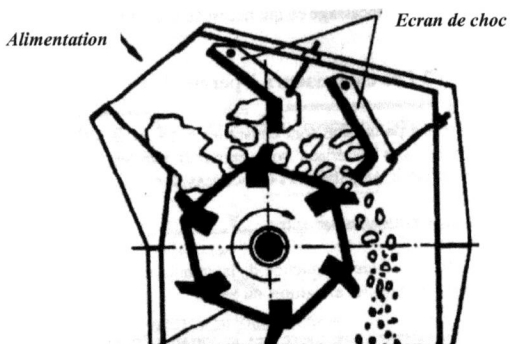

Figure I. 13: Concasseur à percussion

3. Concasseur à marteaux

Il réalise la fragmentation des matériaux par percussion sur des matériaux articulés sur un ou deux rotors tournant à grande vitesse. Lorsqu'il est utilisé comme concasseur primaire, la hauteur entre la courroie d'alimentation et l'axe de rotor est réglable. Cela permet, en régulant de plus la vitesse du rotor, une très importante réduction de la dimension des matériaux. La forme des matériaux a une influence sur la dimension et l'indice de forme des granulats obtenus. Le niveau de fragmentation est difficilement maîtrisable et la consommation énergétique de l'équipement est plus rapide que pour le concasseur à mâchoires. Par contre, la séparation de l'acier du béton est meilleure.

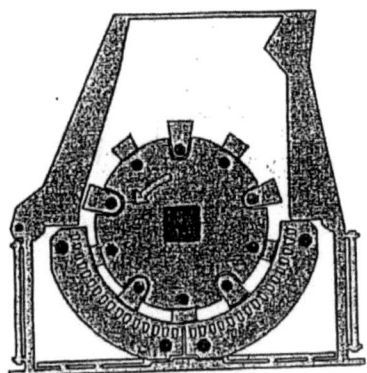

Figure I. 14: Concasseur à marteau

4. Concasseur giratoire

Le concasseur opère par écrasement du matériau entre un cône giratoire. Le mouvement à l'intérieur de la chambre de broyage est commandé par un arbre excentrique. La dimension maximale du matériau est limitée (200 mm). Sans métal ni bois, cet équipement peut être utilisé comme concasseur primaire et produit des agrégats de forme cubique et une quantité moyenne de fins (< 20%).

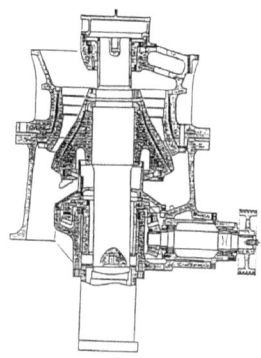

Figure I. 15 : Concasseur giratoire

5. Concasseur à sole tournante

Ce concasseur agit par percussion sur les granulats, mais l'énergie nécessaire à la fragmentation est transmise par un rotor qui joue l'effet de centrifugeuse, où les granulats qui tombent à l'intérieur sont projetés soit sur une couronne blindée, soit sur un lit de matériaux : la forme, l'inclinaison et la nature des plaques qui forment le blindage de la couronne sont autant de paramètres qui influencent la production de granulats concassés (rapport de réduction, cubicité, etc.).

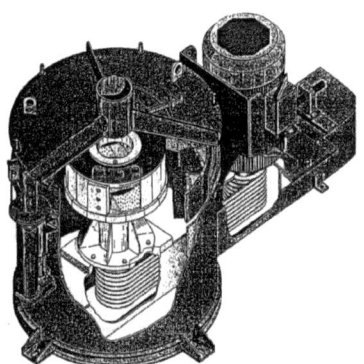

Figure I. 16: Concasseur à sole tournante

6. Concasseurs à cylindres

Ces concasseurs, qu'ils soient dentelés, cannelés ou lisses, ont une structure commune et ne diffèrent que par la forme géométrique de leur surface de travail, qui est déterminée par la taille des produits à traiter. Ils sont constitués de deux cylindres tournant en sens inverse autour de deux axes parallèles. Généralement, l'un des deux couples de palier est déplaçable, ce qui permet de régler l'écartement et donc la granulométrie souhaitée. Parfois, ce sont les deux couples qui sont mobiles (montage élastique).

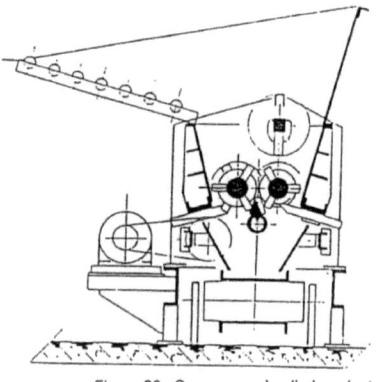

Figure I. 17 : Concasseur à cylindres dentés

I.4.5. Les principales étapes de traitement

Les étapes de traitement peuvent être : le prétraitement, l'alimentation, le scalpage ou précriblage, le concassage primaire, la séparation magnétique, le criblage, le concassage secondaire ou broyage et le criblage secondaire.

I.4.6. Les méthodes de séparation des impuretés

Les déchets C&D sont constitués, dans leur majorité, de béton et d'autres matériaux minéraux, mais ils contiennent également du bois, du plâtre, du carton, du plastique, des aciers, des fractions terreuses, du verre, du bitume, etc. que nous appellerons par la suite 'impuretés'.

Une installation de génération moderne de production des granulats recyclés comprend des dispositifs qui procèdent au retrait de certaines de ces impuretés. Ces équipements sont constitués d'un système de base de concassage-criblage et des dispositifs de tri. Le schéma de fonctionnement d'une installation type est présenté dans la figure I.18.

En cours de production, on procède au déferraillage magnétique, au retrait des impuretés légères (le plus souvent par flottation) et au retrait manuel des autres impuretés comme le verre, les morceaux d'isolants plats, le feutre bitumé et les fils électriques.

On doit aussi contrôler la teneur en sulfates, en procédant par élimination, à l'entrée et à différents stades de la fabrication, des éléments constitués de plâtre. Ces éléments sont généralement assez friables et le premier criblage vibrant permet de les réduire, en grande partie, sous forme de fines qui sont facilement éliminées par criblage.

La séparation du bois peut se faire par un crible spécial placé entre le concasseur primaire et le premier crible. Tous les matériaux légers (tels que bois, textile, plastique de faible densité, etc.) peuvent êtres aspirés dans un système placé à l'extrémité du premier crible, tandis que les matériaux pierreux, plus lourds, passent en travers. Une séparation par décantation où les granulats traversent dans l'eau une distance où les matériaux légers flottent tandis que les matériaux pierreux plus tard, tombent au fond. Enfin, une séparation par lavage où une courroie transporteuse sur laquelle est maintenu un niveau d'eau dans le sens opposé à son avancement. Les matériaux légers flottent et sont éjectés par le débit d'eau alors que les matériaux plus lourds continuent le circuit.

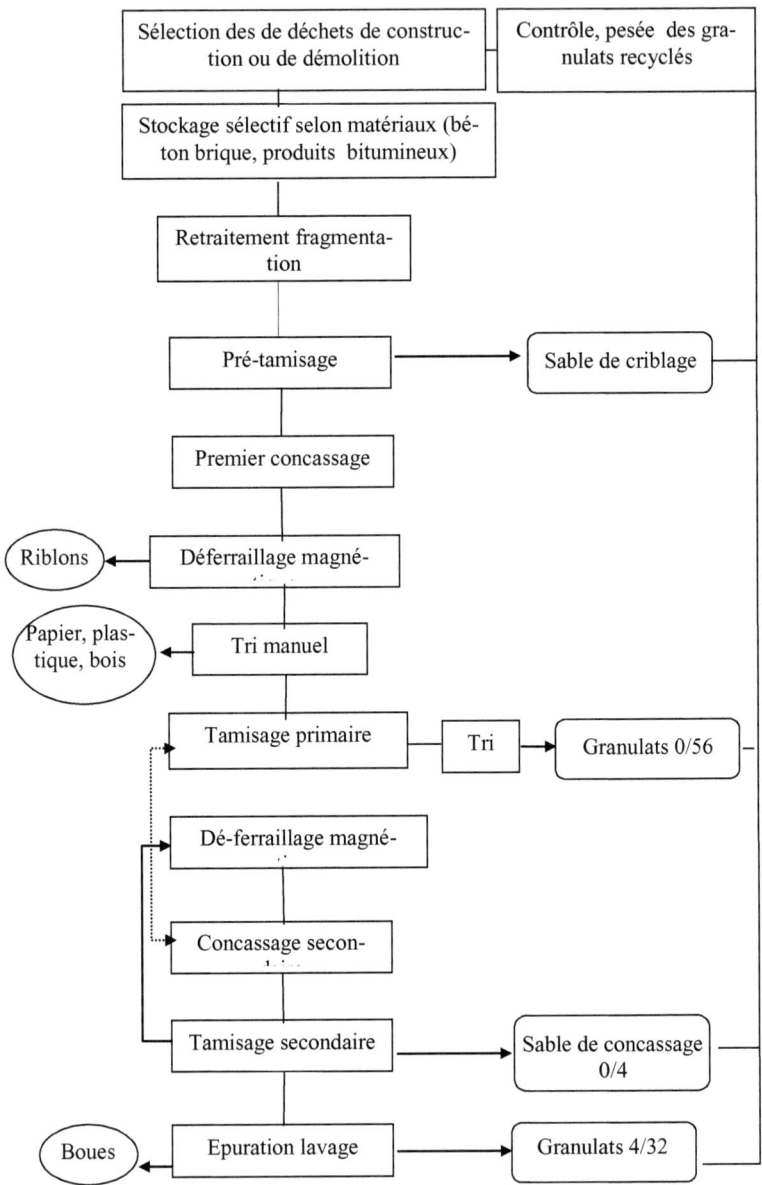

Figure I. 18: Schémas de fonctionnement d'une centrale de recyclage / concassage [41]

I.4.7. L'influence du type de concasseur sur les caractéristiques des granulats recyclés

Une étude a été effectuée aux Pays-Bas afin de mettre en évidence l'efficacité des différents concasseurs ainsi que leur influence sur quelques caractéristiques des granulats recyclés [36].

Des blocs en béton ont été concassés au moyen de deux types de concasseurs (à mâchoire et à percussion) et les granulats obtenus ont été testés.

Des analyses granulométriques par voie sèche (NF P 18-560) ont été effectuées sur la fraction 0/40 mm obtenue par un premier concassage des blocs en béton. Les courbes granulométriques des graves 0/40 mm passées dans un concasseur à percussion et un concasseur à mâchoires sont montrées dans la figure I.19 :

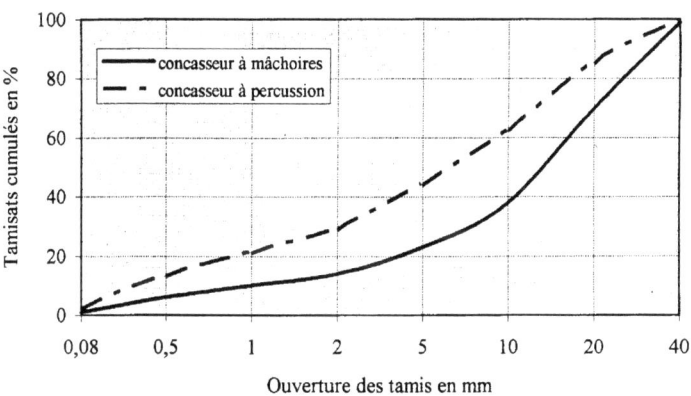

Figure I. 19: Courbes granulométriques des graves concassées au moyen des concasseurs à percussion et à mâchoires.

Les graves (0/40 mm) obtenues par les deux moyens de concassage présentent une répartition des grains différente ; celles élaborées au moyen d'un concasseur à mâchoires sont plus grossières : 60 % de grains des graves concassées au moyen d'un concasseur à percussion sont inférieurs à 10 mm, contre seulement 40 % pour celles concassées par un concasseur à mâchoires. Les deux types de concasseurs génèrent à peu près la même quantité de fines (grains inférieurs à 80 µm).

On pourrait régler l'ouverture des mâchoires afin d'obtenir des grains moins grossiers. Mais ce réglage impliquerait une abrasion plus importante des matériaux, générant ainsi un pourcentage plus important de fines.

Les graves 0/40 mm, obtenus par concassage primaire des blocs en béton, ont été de nouveau concassées et des coefficients de réduction de la granulométrie 'Ri' ont été calculés, pour les différents tamisats cumulés. Ce coefficient est donné par l'équation 1.1 suivante:

$$Ri = \frac{Di}{Du} \qquad (1.1)$$

où pour un tamisat : Di est le diamètre maximal des grains avant le concassage secondaire et Du est le diamètre maximal des grains après le concassage secondaire.

La figure I.20 nous montre l'évolution des coefficients de réduction de la granulométrie, pour chaque type de concasseur, en fonction des tamisat cumulés.

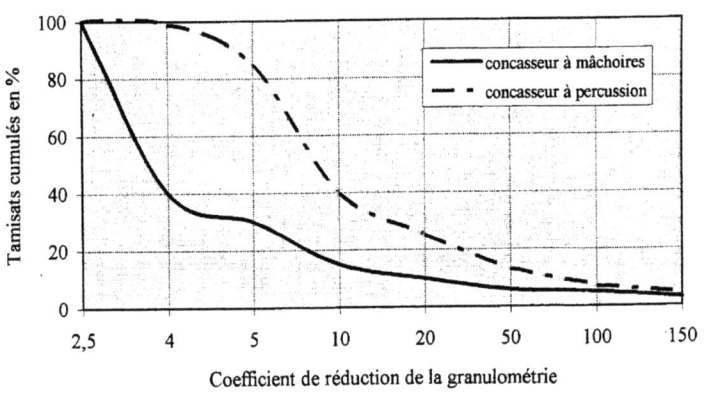

Figure I. 20: Evolution des coefficients de réduction de la granulométrie en fonction des tamisas cumulés.

En utilisant un concasseur à percussion, 40 % des granulats, en masse, présentent un coefficient de réduction de leur granulométrie égal à 10, contre un coefficient de réduction égal à 4 quand on utilise un concasseur à mâchoire.

La cubicité des granulats a été mise en évidence en fonction du type de concasseur utilisé. L'essai consiste à mettre une certaine masse de granulats recyclés sur une table vibrante, vibrer un temps donné et peser la quantité de granulats qui reste sur la table après vibration.

On calcul ainsi un coefficient de cubicité 'C_i' qui est donné par l'équation 1.2 suivante :

$$C_i = 100 \frac{M_c}{M_i} \quad (1.2)$$

où Mc est la masse de granulats qui disparaît de la table après vibration ;
Mi est la masse initiale de granulats recyclés présente sur la table.

En général, les granulats recyclés obtenus par concassage à percussion présentent des coefficients de cubicité supérieurs.

I.4.8. Aspects normatifs

La RILEM définit différentes catégories de graviers recyclés et limite les domaines d'application correspondants en fonction des classes d'exposition ainsi que des résistances souhaitées pour le béton [37]. Seuls les granulats de diamètre supérieur à

4 mm sont pris en compte par cette proposition. Les graviers recyclés sont classés en trois catégories (voir paragraphe I.3.2).

À l'heure actuelle, il n'existe pas de normes ou de prescriptions techniques spécifiques en Algérie. En Belgique, les spécifications sur granulats recyclés sont décrites par les prescriptions techniques pour l'utilisation des granulats recyclés : PTV 406 [51], un document COPRO, validé et enregistré par l'Institut Belge de Normalisation (IBN) en 2003. Ce dernier traite les caractéristiques de manière similaire et se réfère généralement, en ce qui concerne les méthodes d'essais, aux normes européennes. Les prescriptions requises par la PTV 406 concernent :
- la nature des matériaux (analyse visuelle des constituants) ;
- les caractéristiques intrinsèques des granulats (résistance à la compression statique, coefficient Micro-Deval, résistance à l'écrasement, coefficient Los Angeles) ;
- les caractéristiques de fabrication (calibre, indice de forme, coefficient d'aplatissement, teneur en fines, équivalent de sable à 10% et valeur au bleu de méthylène) ;
- des spécifications complémentaires, telles que la teneur en ions chlorures, en éléments affectant la prise et le durcissement du béton, en sulfates et en soufre total ainsi que la stabilité dimensionnelle des granulats.

La désignation des matériaux se fait comme dans les EN mais en ajoutant certains éléments particuliers aux granulats recyclés. Plus précisément la sorte de granulats de débris et une indication concernant les éléments pouvant perturber les liants ou les empierrements des mélanges hydrauliques. L'exemple ci-dessous provient du PTV 406 (développées en annexe 2) :

(1)	(2)	(3)	(4)	(5)
Concassé de débris de béton	0/31,5 G_A85 GT_A10	F_5 $Fl_{30\ C90/3}$ MB_{F20} LA_{35} C_{NR} SC_{NR} $M_{DE\ NR}$ AS_{NR} S_{NR} V_{NR}	OS_{Pass}	.....

(1) Sorte granulats de débris
(2) Granularité (dimension 0/31,5 mm et type grave G_A85) et catégorie de tolérance autour de la granularité (GT_A10)
(3) Indication de(s) caractéristique(s) complémentaires(s)
(4) Eléments pouvant perturber les liants ou empierrement des mélanges hydrauliques
(5) Identification complémentaire du fabricant

I.4.9. Granulométrie, forme de particules et état de surfaces

La granularité des granulats recyclés dépend du système de concassage utilisé ainsi que de la qualité des matériaux de démolition employés pour l'élaboration des granulats. Avec un bon ajustement des ouvertures du concasseur, il est facile de produire raisonnablement une bonne granulométrie de gros agrégats recyclés [38].

D'après des études danoises et japonaises [38], des granulats recyclés ont été obtenus en passant une seule fois dans le concasseur à mâchoire, avec une granulométrie des gros granulats (5/25) très proche des limites admissibles préconisées par la norme ASTM C-33. Par contre, la partie fine des agrégats recyclés (< 4 mm), présentait une granulométrie assez différente de celle des limites admissibles tolérées par la même norme comme le montre la figure I.21.

Les granulats recyclés se caractérisent par un fuseau granulaire homogène et continu, mais les sables recyclés sont sensiblement plus grossiers que les sables naturels utilisés dans les bétons ordinaires [21, 36, 38, 52, 53 et 54]. Le pourcentage de substitution de ces derniers dans le béton à réaliser risque de produire un phénomène de ségrégation [52].

Le sable recyclé (grossier) est en effet constitué en majorité de petits gravillons et d'une faible proportion de sable moyen. On retrouve dans ces fines une quantité importante de ciment.

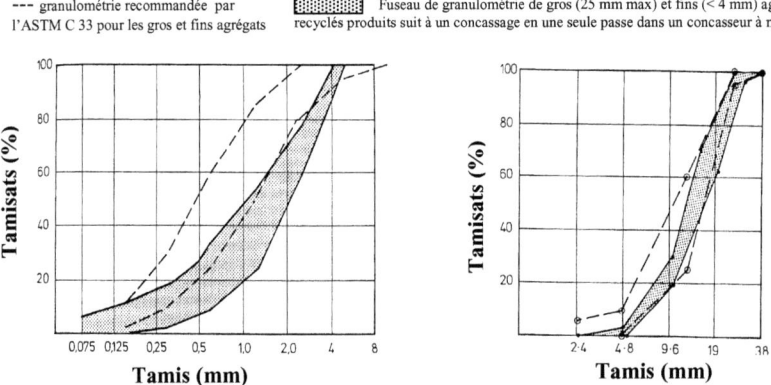

Figure I. 21: Granulométrie d'agrégats recyclés produits par concasseur à mâchoires en un seul passage [38]

Le pourcentage d'impuretés dans les sables recyclés de béton démoli augmente d'environ 10 % par rapport à celui de sable naturel [52]. Les granulats recyclés sont fortement fissurés en surface [21].

La norme américaine ASTM C33 tolère 1,5 % de poussière de concassage dans les gros granulats et 5 à 7 % dans les granulats fins. Par conséquent, les granulats recyclés peuvent êtres utilisés sans être lavés pour la production de béton [38]. Dans le projet de norme européenne, le seuil des fines (< 63 µm) est fixé à 2% pour les graviers à base de béton démoli [37], alors que dans les recommandations belges d'utilisation des granulats recyclés dans les bétons, la teneur en fines (< 80 µm) est limitée à 3% [55]. Il est généralement conseillé de n'utiliser que la fraction d'agrégats recyclés à base de béton démoli qui dépasse 2 mm (Ø > 2 mm) pour la production de nouveau béton [38].

Selon Katz [53], l'âge de concassage (1, 3 ou 28 jours) n'influe pas trop sur la distribution granulométrique des granulats recyclés et pour un même groupe de granulats (gros ou fins).

La forme des grains et leur état de surface dépendent, en grande partie, de la technologie de concassage et par conséquent, ont une influence considérable les propriétés physiques et mécaniques du béton.

Des études antérieures [21, 36] sur les granulats recyclés produits par l'entreprise RMN[23] en France, ont mis en évidence les différences de formes entre granulats recyclés et naturels:
- le coefficient de cubicité des gravillons recyclés est plus élevé que celui des granulats recyclés concassés par un concasseur à mâchoires ;
- l'angularité du sable recyclé est de 1,5 fois plus élevée que celle du sable de Seine ;
- la sphéricité du sable recyclé est de l'ordre de 0,7 contre 0,9 pour le sable de Seine ;
- la surface des granulats recyclés est rugueuse, alors qu'elle est lisse pour les granulats alluvionnaires.

I.4.10. La gangue de ciment ancien

La gangue de ciment dans le granulat recyclé, est la quantité de pâte de ciment (mortier) ancien qui reste attachée aux granulats naturels après le concassage du béton démoli. Cette quantité de gangue d'ancien ciment dépend de nombreux facteurs :
- la granulométrie : la quantité est proportionnelle à la fraction fine ;
- la qualité d'ancien béton : le pourcentage de vieux mortier attaché aux particules de gravier naturel dans les agrégats recyclés croit en fonction de la résistance du béton original. Cependant d'autres chercheurs ont trouvés que le rapport E/C d'ancien béton n'influe pratiquement pas sur le pourcentage de ciment ancien [38] ;
- le type de concasseur utilisé pour le recyclage : le concasseur à mâchoire élimine mieux la gangue d'ancien mortier que le concasseur à percussion [36] ;
- le schéma technologique : un concassage secondaire contribue à une réduction considérable de la quantité de mortier ancien [56].

Différentes méthodes sont appliquées pour quantifier la gangue d'ancien mortier attachée au granulat recyclé :
(1) Détermination du pourcentage en volume d'ancien mortier attaché aux granulats recyclés, par élaboration de cube de béton à base de granulats recyclés avec l'emploi d'un ciment coloré. On détermine le mortier ancien attaché aux granulats recyclés en examinant des tranches polies des cubes de béton élaboré; la partie de ciment provenant des granulats recyclés est nettement mise en évidence par rapport à celle provenant de la matrice de ciment coloré ;

(2) Immersion des granulats recyclés dans une solution diluée d'acide chlorhydrique HCl de différentes concentrations. La quantité de pâte de ciment d'ancien mortier est déterminée à partir de la perte de masse due à la dissolution du ciment pendant le test. Une concentration de 33% en HCl avec une température de 20°C, semblent êtres bénéfiques sans risque de destruction des granulats naturels porteurs d'ancienne gangue de ciment [36]. Le désavantage de cette méthode est que l'acide chlorhydrique peut

---
[23] Recyclage des Matériaux du Nord

attaquer également d'autres constituants des granulats recyclés et peut donner des pourcentages surestimés de la gangue de ciment d'ancien mortier ;

(3) Couplage de la méthode par l'attaque acide à des techniques de caractérisation physico-chimiques (diffraction par rayons X, analyses thermiques différentielles et gravimétriques, etc.) pour remédier à la difficulté susmentionnée ;

(4) Traitement d'images : une méthode applicable seulement pour les gravillons et les fractions grossières du sable recyclé.

Des études antérieures, ont montré que le pourcentage d'ancien mortier de ciment attaché aux particules de graviers naturels est estimé entre 25 à 35 % pour la fraction de granulats recyclés 16/32 mm, autour de 40% pour la fraction 8/16 mm et 60% pour la fraction de 4/8 mm [38].

D'autre chercheurs travaillant sur le sujet [38], ont trouvé un pourcentage de la gangue d'ancien mortier de ciment d'environ 35.5 %, 36.7 % et 38.4 %, respectivement pour un béton original de résistance à la compression de 24 MPa, 41 MPa et 51 MPa. Quebaud [36] a trouvé environ 27 ± 5,5 % de gangue de ciment d'ancien mortier attachée aux granulats fins recyclés par l'utilisation de la méthode d'immersion en HCl.

Selon Hansen [38], le pourcentage de la pâte de ciment d'ancien mortier attaché aux granulats recyclés décroît quant les dimensions des granulats croient. La figure I.22 illustre en gros cette variation.

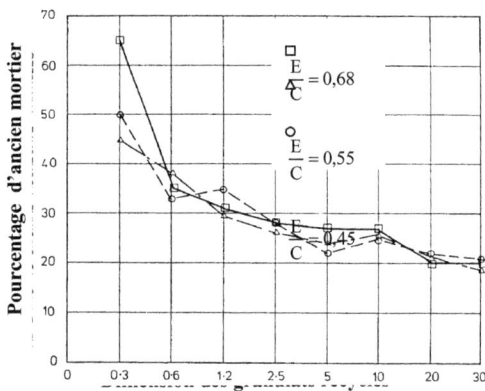

Figure I. 22: Pourcentage en poids de la pâte de ciment d'ancien mortier attaché aux granulats recyclés [38].

D'après une étude japonaise [38], on a trouvé 45 à 65 % et 20% de gangue de ciment d'ancien mortier attachée aux granulats recyclés, respectivement pour les classes granulaires 0/0,3 mm et 20/30 mm. Topçu et al. [54] a estimé quant à lui que la quantité de pâte de ciment est d'environ 30 % sur les graviers (16-32 mm) et 60 % sur les graviers (4-8 mm). Il est donc important de connaître le pourcentage de gangue de ciment d'ancien mortier attachée aux granulats recyclés, car c'est elle qui cause la porosité élevée du béton recyclé et qui, agglomérée avec les éléments des gravillons d'origine, va déterminer les résistances mécaniques des granulats recyclés. Les prescriptions techniques belges (annexe 2) [51] limitent la teneur en mortier dans les concassés de débris de béton à 10 % en masse.

I.4.11. Les impuretés

Les granulats recyclés peuvent contenir des constituants qui risquent d'affecter les processus de prise et de durcissement des mélanges traités aux liants hydrauliques lorsqu'ils sont présents dans certaines proportions [41].

La présence des impuretés dans les granulats recyclés est un problème réel. Le type et la quantité des impuretés peuvent modifier certaines caractéristiques des granulats recyclés eux-mêmes et influencer aussi bien le comportement du béton frais que celui du béton durci (à court et à longs termes) à base de ces granulats.

Ces éléments qui, sont des produits minéraux ou organiques comme le plâtre, le verre, les chlorures, la brique, le bois, le papier, le bitume, etc., peuvent atteindre 10 % (Fig. I.23).

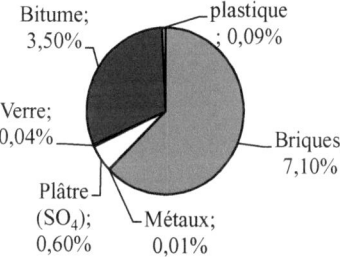

Figure I. 23: Pourcentages pondéraux d'impuretés dans les granulats recyclés [57].

Dans les pays avancés en matière de recyclage des déchets de démolitions, comme la Belgique et le Japon, il existe des recommandations sur la teneur des éléments polluants dans les granulats recyclés destinés aux bétons hydrauliques.

Le tableau I.7 résume les exigences des spécifications belges relatives à la teneur en impuretés données en fonction du type de granulat.

Tableau I. 7: Exigences relatives à la composition des granulats recyclés issus de produits de démolition en Belgique [55]

Densités des granulats recyclés	> 1600 kg/m³ et < 2100 kg/m³	> 2100 kg/m³
Teneur en matériaux de densité < 2100 kg/m³	-	< 9%
Teneur en matériaux de densité < 1600 kg/m³	< 10%	< 1%
Teneur en matériaux de densité < 1000 kg/m³	< 1%	< 0,5 %
Teneur en granulats naturels concassés, béton, maçonnerie et céramique	> 95%	
Matériaux organiques	< 1%	

Au Japon, la présence d'impuretés dans les granulats recyclés est limitée à 10 kg/m^3 pour le mortier, les morceaux d'argile et d'autres impuretés de densité inférieure à 1950 kg/m^3 et 2 kg/m^3 pour le bitume, les plastiques, le papier, les textiles, le bois, la peinture et d'autres impuretés de densité inférieure à 1250 kg/m^3

La présence du plâtre dans les granulats recyclés est la cause de l'apparition de la réaction sulfatique conduisant à une expansion pouvant provoquer une fissuration du béton [36].

Les sulfates, dans le béton, modifient la prise et le durcissement du ciment, gonflent et fissurent le béton durci suite à la formation éventuelle d'ettringite secondaire.

Le contenu en sulfates dans les agrégats ordinaires est limité généralement à 0.5 % par poids des deux fractions d'agrégats (gros et fins) ou à 4% par poids de ciment. Il est donc suggéré d'appliquer les mêmes limites aux agrégats recyclés. De plus, il est recommandé d'utiliser du ciment résistant aux sulfates pour la production de béton d'agrégats recyclés dans le cas où les agrégats recyclés sont contaminés par du gypse [38].

Le béton fabriqué à base de granulats recyclés et avec un ciment avec des inclusions du plâtre et avec ajout est très mauvais, par contre celui à base des mêmes granulats et avec un ciment pur est encourageant [58].

L'existence de particules de verre dans la composition des granulats recyclés peut être dangereuse et peut déclencher une réaction alcali-silice [38]. Les conséquences, à plus ou moins long terme, seraient des risques de gonflement, de fissuration et des baisses de résistance. La teneur en verre dans les concassés de débris de béton est limitée à 0,5 % en masse par les prescriptions belges [51].

Les granulats recyclés peuvent être contaminés par les chlorures de deux manières :
1. pénétration des ions chlorures d'origine externe : cas des ouvrages en milieu marin ou exposés à l'action des sels fondants ;
2. ions chlorures d'origine internes : fournis par les adjuvants accélérateurs de prise ou par les granulats primaires ou cas de certains sables marins non suffisamment lavés.

Les chlorures peuvent être à l'origine du dérèglement de la prise du ciment et du durcissement, de la chute de la résistance, mais leur présence est surtout dangereuse vis-à-vis de la corrosion des armatures. Néanmoins, les concentrations peuvent souvent être ramenées à des niveaux acceptables grâce à un lavage adéquat.

Le ACI[24] limite le contenu en chlorure (exprimé en Cl$^-$) dans le béton ordinaire à :
- 0.06 % pour le béton précontraint à n'importe quelle condition d'exposition;
- 0.10 % pour le béton armé conventionnel dans un environnement humide exposé aux chlorures ;
- 0.15% pour le béton armé conventionnel dans un environnement humide et non exposé au chlorures.

---

[24] American Concrete Institute

Ces mêmes limites peuvent être appliquées pour les agrégats recyclés et pour le béton à base d'agrégats recyclés [38]. Aux Pays-Bas, la teneur maximale en chlorure dans les granulats recyclés est limitée à 0,06 % [55].

La recommandation Suisse SIA 162/4 concernant les granulats de béton recyclé destinés aux bétons hydrauliques, imposent des limites de 0,12 % (de la masse du béton primaire) pour les bétons armés et de 0,03 % pour les bétons non armés [19].

La norme européenne EN 206-1 :2000 définit également les classes de béton, en fonction de la teneur maximale admissible de chlorures, rapporté à la masse de ciment comme suite (Tableau I.8):

Tableau I. 8 : Classe de béton en fonction de la teneur maximale admissible de chlorures selon la norme européenne EN 206-1 :2000 [2]

Utilisation	Classe de chlorures	Teneur max en chlorures rapportée à la masse du ciment
ne contenant ni armatures en acier ni pièces métalliques noyées	Cl 1,0	1%
contenant des armatures ou pièces métalliques noyées	Cl 0,20 Cl 0,40	0,2% 0,4%
contenant des armatures de précontraintes en acier	Cl 0,10 Cl 0,20	0,1% 0,2%

La présence d'asphalte dans les agrégats recyclés réduit sérieusement la résistance du béton à base de ces agrégats (tableau I.9).

Tableau I. 9: Effet du bitume sur la résistance en compression du béton à base de granulats recyclés [38].

Pourcentage de béton bitumineux en volume dans les gros agrégats recyclés	Pourcentage de béton bitumineux en volume dans les agrégats recyclés fins	Résistance à la compression (MPa)	Réduction de la résistance à la compression (%)
0 (témoin)	0 (témoin)	49,10	0
14,3	0	47,90	2,4
17,0	0	13,90	10.6
21,7	0	41,30	15.8
30,8	0	41,30	15.8
30,8	30.8	31,10	36.6
100	100	11,00	77.5

On notera toutefois que l'utilisation des agrégats recyclés pour la fabrication de béton armé reste rare et que le problème des chlorures n'est pas toujours fondamental.

Economiquement, il est avantageux de recycler les bétons bitumineux séparément des autres bétons dans des équipements d'asphalte pour se débarrasser du plus gros pourcentage d'asphalte possible. Selon les prescriptions techniques belges [51], la teneur en mélange hydrocarboné des concassées de débris de béton, ne doit dépasser en aucun cas 5 % en masse.

Les impuretés métalliques provenant des déchets de conduites en fer, de fermes ou de fixations en métal sont dangereuses en premier lieu sur le matériel de concassage, en second lieu ces débris causent des problèmes néfastes comme la corrosion, le gonflement et la fissuration du béton d'agrégats recyclés surtout en présence de chlorures dans ces granulats. La terre organique et l'argile, peuvent êtres éliminés par lavage.

Concernant les autres matières organiques comme le bois, le tissu, le papier, le plastique et la peinture, il est raisonnable de limiter à 2 kg/m^3 (0.15% de particules organiques par poids d'agrégats) le contenu de particules dont la masse volumique est inférieure à 1200 kg/m^3. Les matières chimiques industrielles, radioactives ou toxiques sont très dangereuses et peuvent altérer gravement les propriétés du béton à base d'agrégats recyclés et même mettre en péril la santé des personnes.

I.4.12. Densité et porosité

La masse volumique des granulats naturels varie généralement de 2100 à 2500 kg/m^3 pour les gros granulats et de 1970 à 2200 kg/m^3 pour les granulats fins [59]. La densité des agrégats recyclés à base de béton démoli, est inférieure de l'ordre de 5 à 10% à celle des agrégats naturels [34, 37]. Cette baisse est due relativement à la densité faible de pâte de ciment d'ancien mortier attachée aux particules d'agrégats recyclés.

Hansen et Narud, reportaient que la densité des gros granulats recyclés dans les conditions SSS[25], est de l'ordre de 2340 kg/m^3 pour les granulats 4/8 mm et de 2490 kg/m^3 pour les granulats 16/32 mm, indépendamment de la qualité du béton original dont les densités de gros et fins granulats étaient respectivement de 2500 kg/m^3 et 2610 kg/m^3. Par contre, dans les mêmes conditions (SSS), pour une densité des gros et fins granulats naturels respectivement de 2700 kg/m^3 et de 2500 kg/m^3, des valeurs de 2430 kg/m^3 pour les gros granulats recyclés (5/25 mm) et de 2310 kg/m^3 pour les granulats fin recyclés (<5mm) ont été reportées par Hasaba et al [38].

D'autres études menées sur le sujet, ont révélé des valeurs de masse volumique comprises entre 1800 et 2300 kg/m^3 pour les granulats fins recyclés et entre 2200 et 2500 kg/m^3 pour les gros granulats recyclés [52, 56, 60]. La majorité des granulats recyclés ont une masse volumique comprise dans la fourchette de 2000 à 3000 kg/m^3, correspondant aux granulats courant pour béton hydraulique.

La masse volumique des granulats recyclés est peu influencées par la masse volumique du béton primaire, à condition que ce dernier soit réalisé avec un rapport E/C inférieur à 0,7 [21]. La porosité des granulats recyclés varie en fonction de la granulométrie et elle est maximale pour la fraction fine. La proportion importante de pâte de ciment d'ancien mortier attachée aux granulats recyclés, conduit à des teneurs en eau plus importantes et par conséquent à une porosité élevée.

Selon Simons [1], la porosité des granulats recyclés dépend du système de production utilisé ainsi que de la qualité des matériaux de démolition, ce qui explique la

---

[25] Saturés d'eau Surfaces Sèche

forte porosité mesurée par certains chercheurs: 13 à 20% (granulats lavés) ou 22,5% (granulats non lavés).

Gómez-Sberón [61] concluait que la corrélation entre les propriétés du béton recyclé et la porosité totale est difficile de déterminer. Cependant, il est faisable de l'exploiter si la distribution des pores radiaux est incluse.

I.4.13. Absorption d'eau

La porosité ouverte élevée des granulats recyclés entraîne une forte capacité d'absorption d'eau. C'est le paramètre physique le plus important qui les distingue des granulats naturels ; ceci est dû à l'absorption d'eau par la gangue de ciment, à la grande porosité de cette dernière, aux fissures crées par le concassage et aux types d'impuretés contenues dans les granulats recyclés.

Selon leur coefficient d'absorption d'eau, les granulats recyclés se situent entre les granulats naturels (en général peu poreux et peu absorbant) et les granulats légers, qui sont trop poreux.

Dans le tableau I.10 sont résumés quelques résultats des études antérieures sur le coefficient d'absorption d'eau des granulats recyclés.

Tableau I. 10: Coefficient d'absorption d'eau des granulats recyclés

	Coefficient d'absorption d'eau (%)				Normes utilisées
	Granulats naturels		Granulats recyclés		
	gros	fins	gros	fins	
Hansen [38]	0,8 à 3,7	-	4 à 8,7	9,8	ASTM C127 et 128
Hasaba [38]	1,14	-	7,02	10,9	ASTM C127 et 128
B.C.S.J [38]	-	-	3,6 à 8	8,3 à 12,1	-
Tavakoli et al. [60]	-	-	4,48	8,10	ASTM C127 et 128
Kasai [56]	-	-	1,7 à 10	4,7 à 13,6	-
Québaud [35]	-	-	5,8	12,2	NF P 18-554 et 555
Hadjieva-Zaharieva [21]	0,4	1,8	5,8	12,5	NF P 18-554 et 555
Debieb [52]	1,5	1	3,5	11,5	NF P 18-554 et 555
Gómez-Sberón [61]	0,8 à 1,1	1,49	5,8 à 6,8	8,16	-
Sani [62]	-	-	7,4	15,8	UNI 8520
Sagoe-Crentsil [63]	1	-	5,6	-	AS 2758.1
Tu [64]	-	1	5	10	ASTM C33
Rahal [65]	0,68	-	3,47	-	-

On constate que le coefficient d'absorption d'eau des granulats recyclés est plus élevé pour la fraction fine (sable) que pour la grosse fraction (graviers).

On voit aussi clairement la différence dans le coefficient d'absorption d'eau des granulats recyclés en comparaison aux agrégats naturels. Il convient donc de réaliser un prémouillage comparable à celui utilisé pour les granulats poreux et les granulats légers.

Certains auteurs estiment que l'absorption d'eau des granulats recyclés est liée à leur densité par une relation parabolique, tandis que d'autres proposent une relation linéaire (Fig.I.24 et Fig. I.25).

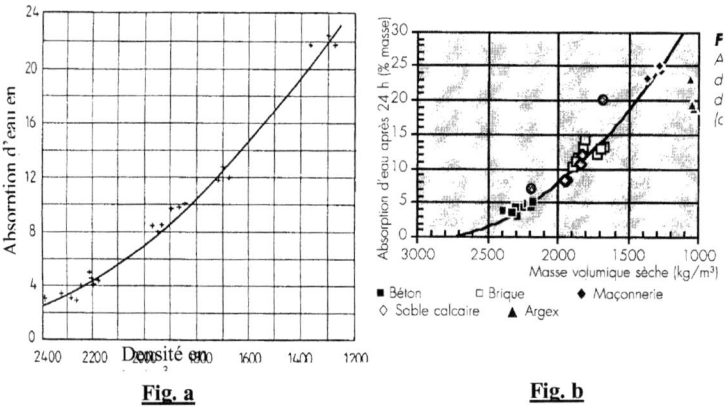

Fig. a   Fig. b

Figure I. 24 : corrélation entre l'absorption d'eau et la densité des granulats recyclés [38]

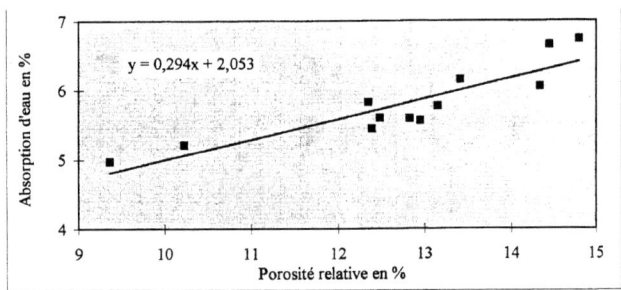

Figure I. 25: Corrélation entre l'absorption d'eau et la porosité relative des granulats recyclés [36]

L'absorption d'eau élevée des granulats recyclés peut influencer négativement la résistance au gel-dégel du béton. Par conséquent, les différentes normes limitent le taux d'absorption d'eau de 5 à 10%. La norme Belge NBN B11-255 et la norme Française NF P 18-54 limitent le taux d'absorption d'eau à 5% ; la norme ISO 6783 donne une limite de 10% pour les granulats recyclés type II, tandis que la norme Japonaise prescrit 7% pour les gros granulats et 13% pour les granulats fins. Ces taux semblent représenter une vraie barrière vis-à-vis de l'utilisation de ces granulats dans les bétons.

Une méthode d'estimation du coefficient d'absorption d'eau (Q) des granulats recyclés se base sur la relation entre le taux d'absorption d'eau des granulats recyclés et la quantité de mortier d'ancien ciment attachée aux granulats naturels ; elle a tété proposée par Kasai [17]:

(1.3) Pour les gros granulats recyclés $Q (\%) = 0{,}85\ Cg + 1{,}50$

(1.4) Pour les granulats fins recyclés $Q (\%) = -25\ T + 41$

avec Cg (%): résistance d'écrasement des gros granulats recyclés à un effort de 100 kN selon
la norme BS 812
T : masse unitaire des granulats fins recyclés (kg/l) ou en (%)

Hansen et Merga [38] estiment que la norme américaine ASTM C 128, définissant la mesure du coefficient d'absorption d'eau des granulats, n'est pas adaptée aux sables recyclés.

I.4.14. Résistances Mécaniques

Comme pour les granulats naturels, la résistance mécanique des granulats recyclés peut être caractérisée par le coefficient Los-Angeles (LA), le coefficient micro-Duval (en présence ou non d'eau) et le coefficient de friabilité (pour la fraction fine).

Les agrégats acceptables pour la production du béton doivent avoir un coefficient Los-Angles inférieur à 50% selon la norme américaine ASTM C-33 et de 30 à 45% selon la norme Britannique BS 882, 1201, partie 2 [38]. La majorité des auteurs confirment avoir trouvé des coefficients Los-Angeles satisfaisants pour les granulats recyclés [21, 24, 36, 38, 45, 52, 66].

Le tableau I.11 résume les travaux de Hansen et Narud [38] sur des agrégats recyclés à base de béton démoli à différents rapports E / C.

Tableau I. 11: Coefficient Los-Angeles des granulats à base de béton démoli à différent rapport E/C [38].

Type d'agrégats	E/C	Taille (mm)	Coefficient Los - Angles (%)
Naturels	-	4/8	25.9
		8/16	22.7
		16/32	18.8
Recyclés	0,4	4/8	30.1
		8/16	26.7
		16/32	22.4
	0,7	4/8	32.6
		8/16	29.2
		16/32	25.4
	1,20	4/8	41.4
		8/16	37.0
		16/32	31.5
	0,4	<5	-

On constate que le coefficient Los-Angeles pour les agrégats recyclés varie de 22 à 40%.

Hasaba et al. [38] ont trouvé que le coefficient de Los-Angeles des agrégats recyclés 5/25 mm varie de 23.0 % pour les agrégats issus d'un béton original à grande résistance jusqu'à 24.6 % pour agrégats issus d'un béton original à faible résistance.

Pour conclure, on peut dire que les granulats recyclés présentent généralement une dureté acceptable pour la confection du béton hydraulique.

I.4.15. Résistance aux sulfates

L'origine principale des sulfates dans les granulats recyclés est la présence de plâtre dans les déchets de démolition. La gangue de ciment attachée aux granulats primaires est une source supplémentaire de sulfates (considérés inoffensifs), mais aussi d'aluminates, de chaux, de chlorures, etc. qui peuvent influencer la réaction sulfatique.

La recommandation de la RILEM [37] limite le pourcentage de sulfates, exprimés en SO_3, à 1%, dans toutes les classes de granulats recyclés (voir annexe 01).

Les prescriptions techniques belges limitent la teneur en sulfates exprimé en SO_3 et solubles dans l'acide, de 0,2% à 1% suivant la catégorie désignée [51].

La norme américaine ASTM C33 pour agrégats de béton limite la perte en poids des agrégats quant ils subissent cinq cycles alternatifs de mouillage et séchage dans une solution de sulfates.

Le pourcentage de perte en poids des gros et fins granulats, est limité respectivement à 18% et à 15% quand ces derniers sont mouillés et séchés dans une solution de sulfate de magnésium. Par contre, cette perte en poids peut être de 10% et 12 %, respectivement, pour les gros et fins granulats si une solution de sulfate de sodium est utilisée [38].

Des études japonaises [38] ont montré des pertes de poids de 18.4% à 58.9% pour des gros granulats recyclés soumis à cinq cycles de mouillage et de séchage dans une solution de sulfates. Ces agrégats recycles, étaient issus de 15 bétons originaux, de différentes résistances en compression et concassés dans différents concasseurs.

Des résultats américains, indiquaient quant à eux que les caractéristiques de durabilité des granulats recyclés sont généralement comparables voir meilleurs que ceux des granulats naturels, alors que d'autres recherches japonaises indiquaient le contraire [38].

I.5. Le béton à base de granulats recyclés

I.5.1. Introduction

Le premier état de l'art sur l'utilisation des granulats de béton de démolition dans la fabrication de nouveau béton a été publié par la RILEM en 1978 [21].

Malgré le fait que les techniques de construction et de démolition sélectives se soient développées dans plusieurs pays du monde, et que les produits de démolitions sont de bonne qualité, le secteur routier reste le consommateur principal des granulats recyclés.

Néanmoins, l'expérience mondiale montre des exemples réussis d'utilisation de ces granulats en tant que granulats de substitution dans les bétons et même dans les bétons structurels [44, 67-70].

Actuellement, le développement rapide dans la recherche sur l'utilisation des agrégats de béton recyclé pour la production d'un nouveau béton, a également mené à la production du béton à hautes performances (BHP) [14, 64].

D'une manière générale, le béton à base de granulats recyclés est exigeant en eau et moins résistant que le béton à base de granulats naturels.

La qualité du béton à base de granulats recyclés est fortement conditionnée par les techniques de démolition et de recyclage et la nature du béton de démolition.

Compte tenu des caractéristiques des sables recyclés, la majorité des études effectuées déconseillent leur utilisation dans la fabrication de nouveau béton.

Le manque de connaissances sur le comportement des bétons à base de granulats recyclés, notamment en matière de durabilité, constitue un obstacle concret pour l'utilisation de tels granulats dans la fabrication de nouveau béton.

I.5.2. Propriétés et dosage du béton frais

I.5.2.1. *Ouvrabilité*

La masse du mortier d'un béton ancien qui recouvre la surface des gros granulats recyclés et leur angularité, sont deux facteurs critiques qui influencent considérablement la consistance du béton à base de granulats recyclés. Toutefois, la confection, la mise en œuvre et l'aspect des bétons à base de granulats recyclés sont très comparables à ceux des bétons ordinaires à base de granulats naturels.

Logiquement, compte tenu de la porosité élevée des granulats recyclés (gros et fins), la consistance du béton à base de ces granulats (selon le pourcentage de substitution) demande beaucoup plus d'eau de gâchage que celui du béton naturel. Cependant, de nombreux chercheurs ont trouvé une ouvrabilité comparable du béton recyclé à celle du béton de granulats naturels, dans le cas ou seuls les gros granulats sont substitués. Par contre, l'introduction de granulats fins recyclés réduit considérablement l'ouvrabilité.

Selon certains travaux [38, 66], la demande supplémentaire en eau était de l'ordre de 5% pour le béton à base de gros granulats recyclés et arrive jusqu'à 15% pour le béton à base de gros et fins granulats recyclés.

Une augmentation de 21% en eau de gâchage est reportée pour un béton à gros et fins granulats recyclés dont l'absorption est de 25% [71].

Une moins bonne adhérence entre la pâte de ciment et les granulats dans le béton à base de granulats recyclés a été confirmée par Hansen [38].

I.5.2.2. *Compacité*

Les masses volumiques des bétons recyclés sont toujours nettement plus basses que celles des bétons témoins [38], ce qui est logique puisque les granulats de base sont plus légers ; il en résulte que les bétons recyclés ont des performances physiques et mécaniques différentes de celles des bétons originaux.

La densité du béton à base de granulats recyclés à l'état frais chute d'environ 15% et le pourcentage d'air occlus augmente jusqu'à 0.6% par rapport au béton de granulats naturels [38].

I.5.3. Propriétés mécaniques du béton durci

I.5.3.1. *Résistance à la compression*

Les propriétés mécaniques des bétons à base de granulats recyclés sont évidement très dépendantes de ces derniers mais, contrairement à ce que l'on pourrait penser, ce n'est pas le facteur déterminant. En effet, Ravindrarajah et al. [72] ont remarqué que la résistance du béton à base de concassés de béton, dépend du rapport eau sur ciment. Aussi, bien que la résistance des granulats de béton recyclé soit un facteur limitatif, ce n'est pas le facteur déterminant des bétons à base de concassés de béton [38]. Il est donc possible de fabriquer des bétons de meilleure résistance avec des granulats de béton concassé de moindre résistance.

La plupart des auteurs s'entendent pour dire que la résistance à la compression des bétons à base de concassés d'ancien béton est inférieure à celle du béton à base de granulats naturel de même ouvrabilité. Cette diminution de résistance serait de l'ordre de 10% [66, 72, 73] et de 35% [38], respectivement, pour un remplacement à 100% de gros ou de fins granulats naturels par des granulats recyclés. Si tous (gros et fins) les granulats du bétons sont remplacés par des granulats recyclés, cette baisse est de l'ordre de 24 % à 35% [38, 53, 74].

Trois raisons sont évoquées pour expliquer la baisse de résistance des bétons à base de granulats de concassés de béton [72]:
- l'absorption élevée d'eau des granulats recyclés (surtout pour les fins) due au mortier d'ancien ciment qui recouvre les granulats naturels;
- la résistance faible des granulats recyclés ;
- la quantité de zones d'interfaces plus faibles et de taille plus élevée.

La rupture des bétons à base de granulats recyclés s'effectuait dans le mortier recyclé attaché aux granulats, contrairement aux bétons conventionnels où la rupture s'effectue aux interfaces pâte-granulats [75].

I.5.3.2. Résistance à la traction

Par rapport aux bétons à base de granulats naturels, les résistances à la flexion ainsi qu'à la traction des bétons à base de granulats recyclés ne montrent pas de tendances claires.

Certains auteurs ont notés des baisses de résistance de 20 à 40%. C'est le cas de Zaharieva et al [75] et Kheder et al [76]. D'autres, comme Tavakoli et al [60], ont remarqué des hausses. Finalement, certains comme Ravindrarajah et al. [72] et quelques sources de Hansen [38], n'ont pas mis en évidence de différence significative.

En plus de la faible qualité des granulats recyclés et les microfissures que comportent ces granulats, et qui sont dues au mode de concassage [76], la baisse de résistance en flexion des bétons recyclés est en général due à l'augmentation en pâte de ciment [72] et à la forme (plus angulaire et moins cubique) des granulats recyclés [73].

I.5.3.3. Module d'élasticité

Les modules d'élasticité des bétons à base de granulats recyclés sont généralement plus faibles que ceux des bétons à base de granulats naturels correspondants.

On a observé des chutes des modules élastiques des bétons à base de gros concassés d'ancien béton, d'environ 15 à 45% par rapport à ceux d'un béton de contrôle à base de granulats naturels [38, 72, 75, 76]. D'après Ravindrarajah et al [73], cette baisse en module d'élasticité du béton recyclé est due au module élastique plus faible des granulats utilisés. Une autre hypothèse, est le développement, après concassage, de microfissures dans les granulats recyclés, qui influencent la relation effort déformation [75].

I.5.4. Propriétés physiques du béton durci

I.5.4.1. Retrait de séchage

Tout comme pour les bétons ordinaires, les bétons à base de de concassés de béton possèdent un retrait plus élevé pour un rapport eau sur ciment (E/C) plus élevé.

Le béton à base de gros granulats recyclés présente un retrait plus élevé de l'ordre de 25 à 60% par rapport à celui d'un béton normal [38, 73, 78]. Pour une substitution de 100% en gros et fins concassés de béton, Ravindrarajah et al [73] ont obtenu une augmentation de 70%.

L'augmentation du retrait peut résulter de l'augmentation de la teneur en eau du béton et du faible module d'élasticité du granulat recyclé. De plus, il y a sans doute un effet de l'ancien mortier attaché aux granulats naturels qui, globalement, vient accroître la quantité de pâte dans le béton recyclé [66].

I.5.4.2. Gonflement

La présence des sulfates dans les granulats recyclés est la cause de l'apparition de la réaction sulfatique conduisant à une expansion (gonflement) pouvant provoquer une fissuration du béton [36]. Selon les essais réalisés et compte tenus des porosités, le gonflement de bétons à base de granulats de bétons concassé augmnte de 20 à 60% [38].

I.5.4.3. Fluage

Hansen [38] reporte que Weshe et et Schultz avait trouvé un fluage de bétons à base de particules de béton concassé, plus élevé de 50% que celui du béton de contrôle. Cette augmentation est expliquée par la diminution d'opposition aux changements de volume de la part des granulats recyclés qui ont un module élastique plus faible. Une autre raison possible est, l'ancien mortier attaché aux granulats naturels pour former les granulats recyclés, qui peut, lui aussi subir du fluage [73].

I.5.4.4. Perméabilité

D'après la littérature, en général, la perméabilité des bétons recyclés est supérieure à celle du béton ordinaire. Pour un béton à base de 100% de granulats recyclés, l'augmentation en perméabilité est environ de deux à cinq fois par rapport a celle du béton à base de granulats naturels [36, 38, 74, 79].

La majorité de auteurs s'entendent sur la quantité d'eau excessive (due à l'absorption d'eau élevée des granulats recyclés) comme cause de l'augmentation de la perméabilité des bétons recyclés.

I.5.4.5. Porosité et absorption d'eau

A cause de la porosité élevée, le béton recyclé présente une absorption d'eau importante. Katz et Zaharieva [53, 74] ont remarqué une augmentation du double de la porosité du béton recyclé par rapport au béton naturel. Gomez-Sobéron [61] concluait avoir trouvé 50% d'augmentation si seul les gros granulats sont remplacés par des recyclés.

Wirquin et al [80] rapportent que l'étude d'absorption d'eau dans les bétons recyclés a montré que les processus d'absorption d'eau des bétons à base de concassés de béton et des bétons à base de granulats naturels sont les mêmes et obéissent aux mêmes lois.

L'absorption d'eau des bétons recyclés augmente quand le pourcentage de substitution en granulats recyclés augmente et elle est minimum quand seulement 20% de granulats naturels sont substitués par des granulats recyclés [81]. Olorunsogo et al [82] ont constaté une augmentation de 29% de la sorptivité du béton à base de 100% de granulats recyclés par rapport à celle d'un béton naturel.

I.5.4.6. Gel-dégel

Dans la littérature, une apparente contradiction concernant la résistance au gel-dégel des bétons à base de concassés de béton, est présentée. Une partie des auteurs rapportent que les bétons recyclés résistent bien au gel et même mieux que le béton naturel. Une autre, en majorité des chercheurs japonais, affirme le contraire [38].

Hansen [38] explique cette contradiction par la différence de qualité des granulats recyclés utilisés par les chercheurs américains et européens d'une part, et japonais, d'autre part. Dans le premier cas, les granulats recyclés sont issus de bétons primaires de haute résistance mécanique, alors dans le second cas, les granulats recyclés proviennent des bétons de qualité médiocre.

Zaharieva [75] concluait que la résistance au gel du béton saturé à base de 100% de granulats recyclés est non satisfaisante et son utilisation n'est pas recommandée dans les structures exposées aux climats sévères.

I.6. Conclusion

Au niveau mondial, il existe des normes et des recommandations qui règlent l'utilisation des granulats recyclés dans les bétons. Deux particularités distinguent les granulats recyclés des granulats naturels: la gangue d'ancien mortier attachée aux granulats primaires et la présence d'impuretés.

Physiquement, les granulats recyclés sont de surface rugueuse, de forme auguleuse, de granulométrie grossière, de faible densité, de forte porosité ouverte, d'absorption d'eau élevée et de faibles résistances mécaniques. Chimiquement, les granulats recyclés présentent une source supplémentaire de chlorures, de sulfates, de chaux, d'alcalins, ainsi que d'autres matières susceptibles de modifier l'environnement chimique du béton et de nuire à sa durabilité.

Les granulats recyclés élaborés industriellement sont hétérogènes et moins propres que les granulats naturels. L'homogénéité des bétons à base de granulats recyclés est comparable à celle du béton naturel et leurs densités sont plus faibles.

En fonction du pourcentage de substitution en granulats recyclés, les propriétés mécaniques des bétons recyclés sont comparables ou inférieures à ceux du béton naturel. Certains aspects du comportement des bétons recyclés peuvent êtres comparés aux bétons classiques, d'autres à ceux des bétons légers. Les bétons à base de 100% de granulats recyclés sont plus perméables, absorbent beaucoup d'eau et résistent moins aux climats sévères. Les phénomènes de transport sont primordiaux pour la caractérisation des bétons recyclés.

Des études ont été réalisées sur les performances du béton à base de granulats recyclés et des projets de normes ont été élaborées ou en cours d'élaboration. Cependant, peu d'études ont été réalisées sur des granulats recyclés contaminés.

Chapitre II

Béton Compacté au Rouleau

II.1. Introduction

Depuis quelques décennies, la technologie a fait apparaître dans le domaine des matériaux de construction un nouveau béton à la fois "économique" et "rapide", destiné à la construction de gros massifs et mis en place à l'aide des engins de travaux publics. Ce béton est généralement utilisé pour réaliser des remblais (barrages, fondations, etc.) et tire son nom de la technique employée pour le mettre en place. Il s'agit du Béton Compacté au Rouleau (BCR).

En effet, l'économie liée à l'utilisation du BCR, provient du faible coût de production et de sa mise en place rapide ; on peut produire des mélanges de BCR avec des teneurs en liants aussi faibles que 100 kg/m^3 de béton [83]. L'utilisation d'équipements usuels de terrassement fait en sorte que la pose du BCR est facile et rapide.

En plus, le BCR permet le développement de hautes résistances à la compression (environ 60 MPa à 7 jours), contrairement à l'enrobé bitumineux. Ce facteur favorise son emploi dans la construction des chaussées [84]. Sans oublier que le BCR est mis en place d'appui en appui, ce qui élimine tout coffrage intérieur.

II.2. Définition

Il n'existe pas de définition du Béton Compacté au Rouleau à la fois simple et rigoureuse. Il en existe par contre de mauvaises comme celle qui consiste à présenter le BCR comme un matériau intermédiaire entre le sol et le béton, ce qui évoque immédiatement l'idée d'un "sous-béton".

En effet, le BCR est, comme pour tout béton, composé d'un mélange de granulats fins et grossiers enrobés d'une couche de pâte de ciment. Il se distingue cependant des autres bétons par son comportement non fluide (pas d'affaissement au cône d'Abrams), sa faible teneur en pâte due à sa faible teneur en ciment, son faible volume d'eau de gâchage ainsi que sa teneur élevée en granulats [83].

Contrairement aux bétons conventionnels, où la quantité de pâte est suffisante pour obtenir un bon compactage avec une simple vibration, le BCR, à cause de son état sec, doit recevoir un apport d'énergie substantiel de l'extérieur pour se mettre en place ; un compactage est indispensable [85].

En Belgique, dans le cahier de charges-type RW99 de la région Wallone, ce type de béton est dénommé "Béton Sec Compacté" [86]. Il figure sous deux variantes (le BSC 20 et le BSC 30) dont le chiffre correspond à la prescription concernant la résistance en compression moyenne, exprimée en MPa, sur carottes de 100 cm^2, à 90 jours d'âge.

II.3. Historique

Les revêtements en BCR ne sont pas du tout une nouvelle technique pour la construction des chaussées. Dans de nombreux pays, le compactage au rouleau des revêtements routiers en béton fut réalisé avant et après la première guerre mondiale. Durant les années trente, la technique a été abandonnée suite à la pervibration du béton introduit graduellement dans tous les domaines du génie civil. C'est dans les années soixante-dix, à cause du coût croissant des produits pétroliers, et après des progrès dans le domaine, que le béton compacté au rouleau a refait son apparition.

Les premier exemples de revêtement en BCR furent construits en Espagne vers 1970 [87] et le premier projet répertorié dans le domaine a été réalisé en 1975 par le US Army Corps au Mississipi [88]. Le Canada a vu ses premiers ouvrages réalisés en 1976, pour des revêtements destinés à l'industrie forestière et l'Australie a été parmi les premiers pays à développer des BCR destinés à des routes fortement sollicitées et pour des vitesses élevées [88]. Après 1990, au moins 17 pays (Allemagne, Argentine, Australie, Danemark, Etats-Unis, Finlande, France, Japon, Norvège, Suède, Afrique du Sud, Chili, Colombie, Equateur, Islande, Mexique et Uruguay) ont employé la technique des BCR [85].

II.4. Utilisation et application

Le BCR est utilisé surtout pour la construction de barrages-poids et la mise en place de revêtement routiers à cause de sa mise en place rapide.

Le principal avantage de l'utilisation du BCR dans la réalisation d'ouvrage de masse comme les barrages est la réduction de la quantité de ciment [84] et, le plus souvent, l'utilisation d'ajouts minéraux tel que les cendres volantes est conseillé [89]. Ceci permet de réduire le dégagement de la chaleur lors du processus d'hydratation du ciment et de limiter les coûts de production. Mais, le BCR ne présente pas seulement que des avantages. L'inconvénient majeur de son utilisation dans la construction des barrages est l'étanchéité des joints entre les couches ; il arrive parfois que le joint entre deux couches ne soit pas assez étanche, ce qui provoque des petites fuites qui ne semblent toutefois pas problématiques pour sa stabilité [84].

Le plus grand barrage au monde construit en BCR est celui de Beni Haroun en Algérie [90]. Un projet pharaonique de 120 m de hauteur et de 700 m de longueur, composé de trois couloirs à destination de Constantine, Mila et Chelghoum Laïd et destiné à alimenter six wilayas de l'Est algérien en eau potable, soit 5 millions de personnes, en mobilisant plus de 900 millions de m^3 d'eau et en irriguant des milliers d'hectares de terre agricoles.

Lorsque le BCR est utilisé dans le domaine routier, il nécessite une plus grande quantité de ciment et un rapport E/C plus faible que pour un barrage car les sollicitations tant mécaniques (passage de véhicules) que thermiques (cycles de gel-dégel, présence de sels fondants) y sont plus importantes. En plus, le diamètre des particules fines inférieures 80 µm doit être assez élevé afin de faciliter la finition de la surface du béton [88].

Le BCR peut développer des résistances élevées (jusqu'à 60 MPa à 7 jours en compression), ce qui est mieux que l'enrobé bitumineux ; ces propriétés favorisent son utilisation dans le domaine routier (aires d'entreposage, aéroports, gares de trains, etc.). Le BCR est aussi utilisé comme couche de fondation pour les routes [84].

Bien que les techniques de mise en place du BCR soient les mêmes pour un barrage que pour une chaussée, la formulation des deux mélanges diffère d'une application à l'autre. Le tableau II.1 résume les distinctions principales qui existent entre les deux types de BCR.

Tableau II. 1 : Principales caractéristiques d'un BCR pour Barrage et d'un BCR pour chaussée [84]

Caractéristiques	Chaussée	Barrage
Teneur en liant (kg/m^3)	260-350	60-250
Rapport eau/liant	0,25-0,50	0,40-0,80
Diamètre maximal des granulats (mm)	20	75
Résistance en compression à 28 jours (MPa)	45	15
Temps Vebe (s)	40-60	10-20

II.5. Modes d'emploi et spécificités

II.5.1. Opération de compactage

Dans les Bétons Compactés au Rouleau, la quantité d'eau libre est ajustée de façon à obtenir un béton à la fois facile à compacter et possédant une bonne capacité portante à l'état frais (une fois compacté), contrairement au bétons conventionnels pour les quels on cherche à ajuster la quantité d'eau libre à son minimum de façon à obtenir une maniabilité acceptable, une résistance en compression maximale et une durabilité requise. Compte tenu de ces deux conditions, le compactage est probablement l'opération la plus importante et la plus déterminante au niveau des propriétés mécaniques et de la durabilité des BCR. Idéalement, au moment du compactage le BCR doit se situer comme un sol près de l'optimum Proctor (essai Proctor modifié ASTM D 1557) [88].

II.5.2. Squelette granulaire

Le type de granulat et sa granulométrie influencent la qualité et les propriétés du BCR. Dans un mélange BCR, compte tenu de la présence (plus ou moins importante) de vides de compactage de dimensions variables, il ne suffit pas de compacter adéquatement le matériau pour avoir un minimum de vides mais il faut aussi avoir une bonne distribution granulométrique. Un pourcentage adéquat en particules fines réduit considérablement les vides de compactage du mélange BCR (Fig. II.1). Pour cette raison, une granulométrie étalée (au minimum 50% de sable de la masse totale des granulats sec) et un pourcentage de fines qui avoisine 10% sont recommandés [83].

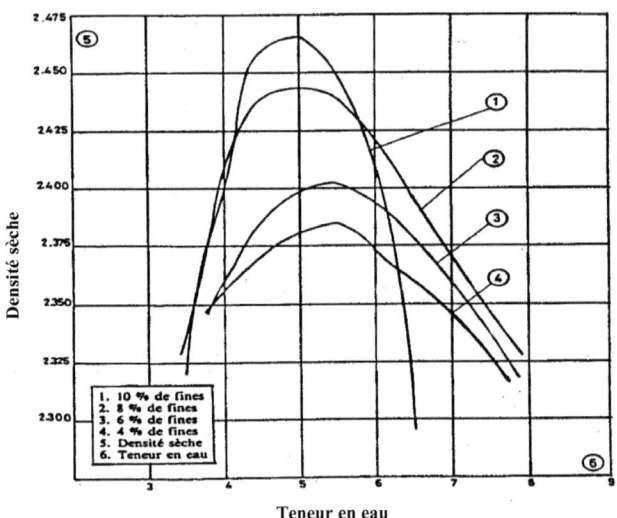

Figure II. 1 : Influence des particules fines sur la compacité [83]

Pour les ouvrages routiers, la grosseur maximale des granulats ne doit pas excéder (20 mm) de diamètre. Le fuseau granulométrique de Piggot (Fig. II.2) [83] permet de produire des bétons compactés de bonne qualité avec des surfaces relativement imperméables. Cette qualité de surface est attribuable à la grande quantité de sable présente dans le mélange.

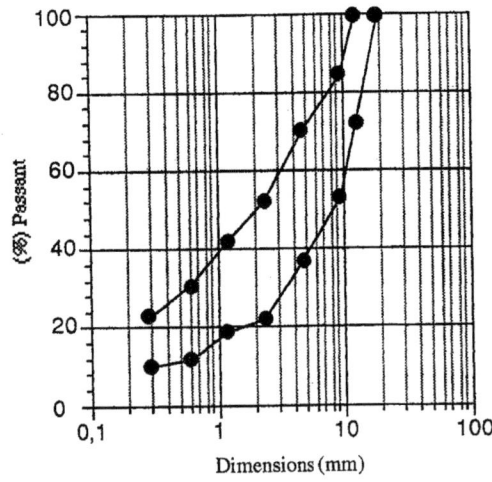

Figure II. 2 : Fuseau granulométrique proposé par Piggot [83]

II.5.3. Hétérogénéité de la pâte

La faible quantité d'eau et sa mauvaise répartition dans le mélange, sont les principales causes de la grande porosité du matériau BCR, qui se traduit par une hétérogénéité élevée de la pâte. Lors du malaxage, certaines zones du béton contiennent plus d'eau tandis que d'autres resteront plus sèches. On retrouve fréquemment des zones où le rapport E/C est très élevé et d'autres où il est plus faible. Ceci donne automatiquement naissance à certaines zones de pâte très poreuse et à d'autres qui le sont moins.

II.5.4. Production, transport et mise en place

La production du BCR est presque similaire à celle d'un béton ordinaire. Seule le taux de production qui diffère. La production peut se faire dans des centrales continues ou discontinues et même, dans certains cas, dans un camion malaxeur à tambour. Le malaxeur continu est fortement sollicité pour les gros travaux à cause du taux de production élevé (de 70 à 100 m^3) qu'il peut assurer. A cause de son état sec, le temps de malaxage du mélange BCR est habituellement augmenté de 30s par rapport à celui d'un mélange de béton normal [83, 84, 87].

Le transport du BCR est généralement assuré par camions bennes, contrairement à un béton ordinaire. Lors du chargement des camions, la hauteur de chute doit être limitée pour éviter la ségrégation. A cause des variations de la teneur en eau qui sont critiques pour ce genre de béton, les camions doivent êtres bâchés en cas de conditions climatiques défavorables (forte chaleur ou présence de vent).

La mise en place du BCR diffère selon le type d'ouvrage. Dans le cas d'un barrage, le béton est étalé à l'aide d'un bélier mécanique ou d'une niveleuse puis compacté à l'aide d'un rouleau vibrateur. Par contre, dans le cas d'une chaussée, le béton est répandu à l'aide d'une paveuse (pour augmenter le compactage), puis compacté à l'aide d'un rouleau compacteur (statique ou dynamique). Le nombre de passages nécessaires dépend de la maniabilité du mélange. En général, la densité requise est obtenue après quatre à dix passages effectués [87].

II.6. Description du produit fini

Le Béton Compacté au Rouleau diffère du béton conventionnel principalement du point de vue de sa consistance, de la proportion des granulats et de la quantité de liant utilisées. Le mélange BCR, selon le domaine d'application, est généralement fonction des propriétés mécaniques et caractéristiques visées à l'état frais.

II.6.1. BCR pour les chaussées

Dans le domaine routier, le BCR peut être utilisé comme couche de revêtement (aires d'entreposage, aéroports, gares de trains, etc.) ou encore comme couche de fondation. Son exécution avec des engins ordinaire, sa mise en œuvre simple, sa demande réduite en mains d'œuvre et des rendements élevés lui permettent d'atteindre des économies remarquables par rapport à d'autres techniques. De plus, si on envisage son emploi en couches d'usure des recouvrements, les revêtements en BCR peuvent êtres ouverts sans délai au trafic grâce à la stabilité de son squelette granulaire après compactage [87].

Les BCR destinés aux chaussées sont généralement exposés à des conditions sévères telles que les chocs, la fatigue ou le gel-dégel (période hivernal). Ils sont à base de 260 à 350 kg/m^3 de ciment (une quantité supérieure à celle utilisée pour les barrages) et un ajout de fumée de silice est conseillé pour leur améliorer les résistances mécaniques (compression et traction). Un rapport eau sur ciment compris entre 0,25 et 0,5 produit un mélange BCR de très bonnes qualités mécaniques [84].

Les granulats ont une influence sur les propriétés du BCR, à la fois à l'état frais et à l'état durci. Pour les ouvrages routiers, la taille maximale des granulats de 20 à 22 mm permet au fuseau granulométrique de produire des bétons compactés de bonne qualité avec des surfaces relativement imperméables [1, 4]. Cette qualité de surface est attribuable à la grande quantité de sable présente dans le mélange. Les granulats doivent êtres approvisionnés au moins de deux fractions différentes, par exemple 0/5 et 5/20 mm [87].

Les cendres volantes (teneur entre 10 et 17% par rapport à la masse du ciment) améliorent favorablement la maniabilité du BCR routier et participent significativement dans la limitation de la fissuration du béton durci [84, 87].

Le temps Vebe idéal, pour un mélange préparé au laboratoire, diffère d'un auteur à un autre. Pour certains [86], entre 30 et 40 s tandis que pour d'autres [84], l'optimum se situe entre 40 et 60 s.

Des essais en laboratoire ont montré qu'il est possible d'obtenir des BCR avec une teneur adéquate en air occlus pour augmenter leur durabilité vis-à-vis le gel [87].

Le rapport entre le module de déformation du BCR et la résistance à la flexion semble être similaire à celui obtenu avec des bétons de bonnes qualités pour revêtement routier [87].

Le béton sec contribue énormément à la réduction significative de la quantité de fissures dues au retrait de séchage et les phénomènes d'expansion et de contraction qui s'ensuivent [91].

Enfin, la plupart des appareils employés pour déterminer la teneur en eau de l'étude de formulation des BCR peuvent aussi être utilisés pour la fabrication des éprouvettes (dame Proctor, marteau vibrant, condensistomètres Vebe modifié, etc.) [87].

II.6.2. BCR pour les barrages

Contrairement au BCR destiné aux chaussées, le BCR utilisé pour la réalisation d'un barrage doit être pauvre en matière cimentaire. En effet, la réalisation d'un barrage demande une très grande quantité de béton et, par suite, les risques de fissuration sont augmentés à cause du développement de contraintes thermiques inévitables. La réduction de la teneur en ciment est conseillée pour résoudre ce problème et, par conséquent, une économie du coût de production est assurée. Le rapport E/C est très variable et peut prendre une valeur comprise entre 0,4 et 0,8 [84].

Dans ce type d'ouvrage, on s'intéresse beaucoup plus à la stabilité globale qu'à la résistance en compression. La quantité de ciment enlevée pour diminuer le dégagement de chaleur, peut être remplacée par des cendres. Le pourcentage de remplacement varie de 20 à 80% [84].

Un autre problème rencontré dans la réalisation d'un barrage est, lors de mise en place du BCR par couches successives, une anisotropie plus ou moins prononcée entre les directions horizontales et verticales.

Selon le projet, le D_{max} pour un mélange de BCR destiné à la réalisation de barrage varie entre 40 et 150 mm [85]. La dimension du granulat a une influence sur l'épaisseur de la couche compactée : plus le granulat est gros, plus l'épaisseur de la couche est grande. Certains auteurs préconisent un D_{max} de 75 mm.

A cause de la résistance en compression non demandée pour ce type d'ouvrage, l'utilisation des granulats marginaux est permise [84].

II.7. Propriétés des BCR

II.7.1. Propriétés à l'état frais

La différence majeure entre un BCR et un béton ordinaire est la maniabilité à l'état frais. En effet, à cause de son état sec, la rhéologie du mélange BCR ne peut être évaluée à l'aide du cône d'Abrams utilisé pour mesurer l'affaissement du béton.

Deux essais sont le plus souvent réalisés sur le BCR à l'état frais [89]:
- l'essai Vebe (ASTM C 1170-91) : la consistance est définie comme le temps requis pour densifier une masse de béton par vibration dans un moule cylindrique ;
- l'essai Proctor modifié qui permet de définir la relation entre la teneur en eau d'un mélange granulaire et sa densité sèche pour une énergie de compactage donnée.

Tremblay [83] rapporte que l'utilisation de cendres volantes dans la composition du mélange BCR, sans agent entraîneur d'air, a un effet non négligeable sur le temps de consolidation : la maniabilité diminue dans le temps et la densité du mélange diminue aussi en cas de fort dosage.

II.7.2. Propriétés à l'état durci et durabilité

Les propriétés mécaniques à l'état durci des BCR sont principalement influencées par le type de ciment, le rapport E/C, le volume de pâte, la qualité des granulats utilisés et le degré de compactage du béton.

Malgré leur faible teneur en liant et à cause de leur faible teneur en eau et leur compactage élevé, les BCR possèdent de bonnes résistances en compression (Rc) et en traction (Rt), qui peuvent atteindre rapidement leurs valeurs maximales ; le rapport

Rt/Rc est toujours plus grand que celui d'un béton ordinaire [84]. La relation qui relie Rc à Rt est de la forme (éq. 2.1):

$$R_t = (R_c)^{0,459} \qquad (2.1)$$

Quellet [84], conclut que la résistance à la traction par flexion du BCR n'est pas sensible aux variations de rapport eau/ciment mais plutôt à la nature des granulats. L'influence marquée du type de granulat tend à confirmer que la résistance à la traction est grandement affectée par la propagation des fissures dans le matériau.

La faible quantité de liant et le compactage du squelette granulaire du BCR, lui permettent de réduire le retrait (environ 50%) par rapport au béton ordinaire [84].

Le Béton Compacté au Rouleau résiste à la fatigue de la même façon qu'un béton ordinaire mais, face aux cycles de gel-dégel, il dépend principalement de la porosité de sa pâte de ciment [88]. Le nombre minime et la distribution adéquate des vides de compactage dans la texture du BCR peuvent remplacer les bulles d'air pour limiter les dégradations possibles du gel. Lors d'un mauvais compactage, ces vides sont souvent liés entre eux et pourront être dommageables pour la résistance au gel.

Il est généralement difficile d'entraîner de l'air dans les BCR, du moins avec les entraîneurs d'air couramment utilisés [84, 88]. Certains auteurs ont mentionné avoir obtenu des résultats satisfaisants avec des entraîneurs d'air plus puissants ou en altérant la séquence de malaxage. Au dessous d'une certaine quantité d'eau, l'addition d'entraîneurs d'air au mélange béton, même en quantité importante, est beaucoup moins efficace, voir inutile. Dans les BCR, la quantité d'eau est proche du minimum requis pour mouiller les solides, ce qui laisse peu d'eau pour la formation de bulles.

D'après la littérature, il a été prouvé que la résistance du BCR diminue en fonction du pourcentage d'utilisation en cendres volantes normales [92]. Par contre, le BCR peut développer de bonnes résistances à 3 jours si le ciment utilisé est substitué par de cendres volantes riches en calcium [93]. Avec un remplacement de 15% du ciment par des cendres volantes riches en calcium, les résistances mécaniques du BCR sont comparables à celles d'un béton ordinaire âgé de 3 mois [93].

A l'âge de 90 jours, l'utilisation des cendres volantes contribue à une augmentation de 50% des résistances mécaniques du matériau BCR et améliore la résistance en flexion [92].

II.8. Méthodes de formulation

Contrairement aux méthodes de formulation d'un béton ordinaire qui se basent sur le rapport E/C et la fluidité du mélange, les méthodes de formulation du BCR se basent en général sur l'optimisation du squelette granulaire pour une teneur en eau optimum. En effet, le BCR, qu'il soit utilisé pour la construction de barrages ou de routes, réunit les mêmes constituants de base que le béton ordinaire mais contient une forte proportion de granulats (plus de 75 % par rapport au volume total du matériau) et une faible teneur en liant. Son mélange à l'état sec (affaissement nul) nécessite une énergie de compactage externe plus importante pour être correctement consolidé. Afin de réduire la quantité de vides de compactage, il est donc très important de maximiser la compacité de son squelette granulaire.

II.8.1. Méthode basée sur la limitation de maniabilité

Cette méthode de formulation est fort utilisée pour la conception de mélanges BCR destinés à la construction de barrages ou de routes. Elle consiste à fixer la quantité d'eau et de liant et de chercher le rapport S/G optimal pour une fluidité désirée. La maniabilité est mesurée moyennant l'essai Vebe et le temps visé sera fonction de l'usage du mélange BCR.

Cette méthode de formulation demande de réaliser beaucoup de mélanges en laboratoire pour arriver au mélange optimal.

II.8.2. Méthode basée sur les concepts du compactage du sol

Comme son nom l'indique, dans cette méthode, la teneur en eau optimale qui donnera l'optimum de la densité sèche du BCR est recherchée moyennant l'essai Proctor modifié. Cette méthode est plus adéquate pour les bétons à haute teneur en ciment et en granulats fins ; elle convient donc bien pour les mélanges de BCR destinés à la réalisation de routes.

Dans un premier temps, cette méthode se base sur la recherche de la teneur en eau optimale et la courbe Proctor pour l'optimisation du rapport sable/ciment du mélange mortier ; ensuite, elle est utilisée pour optimiser le mélange béton qui correspondra au rapport granulats/sable optimal.

Comme pour la méthode précédente, il faut réaliser plusieurs mélanges (minimum 4 mélanges [84]) avant d'en trouver un satisfaisant.

II.8.3. Méthode basée sur l'économie

Dans cette méthode, l'optimisation du mélange est fonction de limitation du coût : plusieurs mélanges sont réalisés en faisant varier la quantité de ciment ou de granulats et en ajoutant l'eau progressivement pour arriver au mélange optimal cherché. Au début, l'essai consiste à faire varier la quantité de ciment et à fixer les proportions des granulats pour déterminer la quantité de ciment optimale. Par la suite, d'autres mélanges sont réalisés en faisant varier les proportions des granulats et en gardant la teneur en ciment constante. Pour chaque mélange, un essai de résistance mécanique est réalisé et, en fonction de la résistance en compression souhaitée, on choisit la combinaison qui comporte la proportion la moins élevée en granulats et en ciment. Cette méthode est bénéfique pour les BCR destinés à la réalisation de barrages qui demandent des volumes importants de béton.

II.8.4. Méthode basée sur l'empilement granulaire

Cette méthode de dernière génération se base sur le modèle granulaire analytique développé par de Larrard et Sedran (1999-200) appelé "Modèle d'Empilement Compressible (MEC)". Ce modèle est une version améliorée du modèle de suspension solide, qui est lui-même basé sur le modèle linéaire de compacité [89].

A partir de la compacité et de la granularité des constituants, des proportions du mélange et d'un paramètre K, nommé indice de serrage et qualifiant l'intensité du compactage, le MEC permet le calcul de la compacité d'un mélange granulaire. Certaines études ont démontré l'intérêt du modèle de suspension solide pour la formulation des bétons secs comme les BCR [83, 84] ; d'autres ont confirmé le potentiel d'utilisation du MEC dans la formulation des BCR [88, 89].

En effet, l'optimisation d'un empilement granulaire dans un mélange béton, conduit à minimiser la porosité à l'intérieur de la matrice cimentaire et permet de réduire la demande en eau pour une maniabilité donnée. Ceci mène aussi à une réduction de l'épaisseur de pâte de ciment autour du granulat et donne par conséquent un béton bien compact à faible teneur en ciment : c'est en plus un béton économique. C'est dans ce contexte que le MEC a été développé.

Tenant compte de la granulométrie, de la forme et de la texture des granulats, le MEC semble être bien adapté pour la formulation des BCR [89].

Le MEC, permet bien de prédire la résistance à la compression et le module d'élasticité du BCR à 28 jours mais, comme tous les autres modèles, ne permet pas de prédire la résistance à la traction [84].

II.9. Béton Compacté au Rouleau à base de granulats recyclés

Malgré quelles ne soient pas nombreuses, les essais d'incorporation des granulats recyclés dans le BCR révèlent quelques importantes conclusions susceptibles d'élargir en même temps le domaine des bétons sec et la plage d'utilisation des granulats marginaux. La préservation de l'environnement et l'économie d'utilisation des ressources naturelles sont assurées.

D'après la littérature, les mêmes essais utilisés pour caractériser le BCR à base de granulats naturels sont utilisés pour étudier le BCR à base de granulats recyclés.

L'application des méthodes de formulation empiriques pour le mélange BCR à base de granulats recyclés ne débouche pas sur des résultats satisfaisants. Dés lors, une optimisation du rapport sable/granulat et la recherche d'une teneur en eau optimale sont nécessaires afin de privilégier l'usage des granulats recyclés [86]. Pouliot [84], rapporte que le modèle d'empilement compressible (MEC) permet de prédire la teneur en eau à l'optimum Proctor d'un mélange BCR à base de granulats asphaltiques avec une précision moyenne de ± 0,5 % et un temps Vebe adéquat.

La technique de mise en place par "Vibration sous Pression" (pour plus de détails, se référer au paragraphe IV.6.3) du BCR à base de granulats recyclés (tout-venant d'une centrale de concassage industrielle pour granulats recyclés) donne des résultats semblables à ceux obtenus par Proctor modifié [84].

Le BCR comportant de concassés de béton de ciment présente de très bonnes résistances mécaniques par comparaison avec celles obtenus sur BCR à base de granulats asphaltiques [94].

La variation de la teneur en liant (entre 175 et 250 kg/m^3) dans le BCR à base de granulats recyclé a peu d'influence sur la compacité du solide, contrairement à la résistance en compression qui est fort influencée [86].

L'utilisation des granulats asphaltiques dans la fabrication de BCR destinés à une utilisation dans les routes, diminue grandement les résistances mécaniques et les modules élastiques qui sont fonction du temps de compactage du mélange [88, 94]. A l'aide de la régression linéaire, une relation (éq. 2.2) entre la résistance mécanique et la teneur en granulats asphaltiques est proposée [94] :

$$R = A_0 + A_1(X_1) \qquad (2.2)$$

avec R : résistance en compression ou en flexion
A_0 = 33,982 pour la compression et 5,453 pour la flexion
A_1 = -0,427 pour la compression et -0,027 pour la flexion
X_1 : contenu en granulats aspahltiques

Pouliot [88] rapporte que la résistance en flexion à 28 jours, même à des teneurs en ciment très faibles (de l'ordre de 88 kg/m^3), demeure supérieure à 1,9 MPa.

A cause de son état sec, le mélange BCR ne facilite pas l'entraînement d'air dans son mélange mais, par contre, l'utilisation des granulats asphaltiques dans ce type de béton, favorise ce phénomène. Loranger [94] avait remarqué qu'un mélange contenant 50% de granulats asphaltiques avait entraîné deux fois plus d'air que le mélange témoin à base de granulats naturels.

Le BCR à base de granulats recyclés se comporte bien face aux cycles de gel-dégel en l'absence de sels fondants [86], mais ne résiste pas à de tels cycles dans le cas contraire (essai d'écaillage en immersion complète) [94]. En présence de sels fondant, l'auteur explique la non résistance au gel du BCR à base de granulats asphaltiques par la présence de quantité élevée en fines dans le mélange comparativement au bétons usuels et l'utilisation d'éprouvettes comportant des faces moulées et non sciées.

Lors des cycles de gel-dégel en l'absence de sels fondants, le BCR à base de granulats asphaltiques perd moins de 4% en masse et développe très peu de fissuration [86].

II.10. Conclusion

Le BCR est un béton sec à affaissement nul, qui nécessite une énergie de compactage externe pour être correctement consolidé. Il peut être employé pour la construction des ouvrages de masse comme la construction des chaussées. Il est facile (à fabriquer et à mettre en œuvre), économique et résistant.

Selon le domaine d'utilisation, plusieurs méthodes de formulation lui sont applicables. D'après la littérature, le Modèle d'Empilement Compressible s'emble être bien adapté dans la formulation des BCR. Le MEC, permet bien de prédire la résistance à la compression et le module d'élasticité du BCR à 28 jours, mais comme tous les autres modèles, ne permet pas de prédire la résistance à la traction.

Le BCR présente de bonnes résistances mécaniques. La résistance à la traction n'est pas sensible aux variations de rapport eau/ciment mais plutôt à la nature des granulats. La substitution partielle du ciment par des cendres volantes (surtout celles riches en calcium) améliore considérablement les résistances mécaniques du matériau BCR.

A cause de son état sec, le mélange BCR ne facilite pas l'entraînement d'air dans son mélange. Les essais utilisés pour caractériser le BCR à base de granulats naturels sont utilisés pour étudier le BCR à base de granulats recyclés.

Des études ont été réalisées sur le BCR à base de granulats recyclés mais cependant, peu d'études ont été faites sur ce type de béton en utilisant des granulats recyclés contaminés.

Chapitre III

Durabilité – Références Bibliographiques

III.1. Introduction

La durabilité est définie par la norme NF X 50-501 (durée de vie et durabilité des biens) comme "l'aptitude d'une entité à accomplir une fonction dans des conditions données d'utilisation et de maintenance, jusqu'à ce qu'un état-limite soit atteint".

La durabilité du béton est sa capacité de maintenir dans le temps les fonctions pour lesquelles il a été conçu et utilisé dans une construction.

La durabilité du béton est fonction du matériau et des conditions d'exposition, qui dépendent elles-mêmes de :
- la température ;
- l'agressivité chimique et mécanique du milieu environnant ;
- de l'humidité.

La durabilité d'une structure en béton est généralement affectée par l'action simultanée de différents facteurs externes. Les grandeurs peuvent êtres d'ordre mécanique, physique, chimique ou biologique (Fig. III.1).

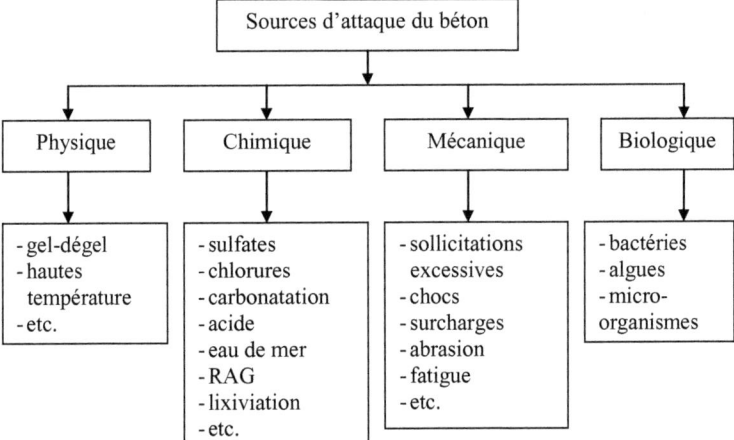

Figure III. 1 : Organigramme des différentes causes de détérioration du béton [95].

Par ordre d'importance décroissante, les causes majeures de détérioration du béton sont : la corrosion des armatures, l'action du gel dans les climats froids et l'effet chimique sur les pâtes de ciment hydraté, dû aux agents extérieurs (eaux chargées en dioxyde de carbone, sulfates ou chlorures) [96].

Le chapitre qui suit a pour but de décrire, de façon générale, les lois de transport dans le matériau béton ainsi que les mécanismes possibles de sa dégradation en milieux chimiques spécifiques (en particulier acides et sulfatiques). La durabilité est abordée en termes d'agressions chimique, physique et mécanique.

III.2. Phénomènes de transport dans le béton

Les phénomènes de transport conditionnent la durabilité du béton car ils sont les forces motrices qui vont entraîner la pénétration des agents agressifs extérieurs à l'intérieur du béton par capillarité, perméabilité ou diffusion.

La porosité du béton constitue de ce point de vue un paramètre fondamental dans la dégradation potentielle du matériau : le diamètre, la forme ou la répartition granulométrique des pores et capillaires jouent le rôle des voies de transport pour les agents agressifs extérieurs et sont donc le siège des échanges entre le béton et son environnement.

III.2.1. Structure poreuse du béton

III.2.1.1. *Définition et classification des pores*

Le milieu poreux est défini par un ensemble d'espaces vides connectés, répartis de façon plus ou moins uniformes dans ce milieu, limités par une matrice solide, qui peut contenir des vides mais non connectés.

La porosité p (en %) d'un matériau est définie (éq. 3.1) par le rapport entre le volume des pores (vides) V_p et le volume total V_t (volume des pores + volume du solide):

$$p = \frac{V_p}{V_t} \cdot 100 \quad (3.1)$$

Deux sortes de pores sont envisageables : continus ou discontinus [96]. La porosité continue est l'ensemble des pores interconnectés (volume v_1) qui forment un espace continu dans le milieu poreux et participent au transport de matière à travers le matériau et les pores "aveugles" (volume v_2) ou bras mort (interconnectés d'un seul coté) qui sont accessibles au fluide extérieur mais ne participe pas au transport. Ce type de porosité est souvent défini par porosité effective, en opposition avec la porosité fermée, constituée de pores isolés (volume v_3) qui ne communiquent pas avec le milieu extérieur.

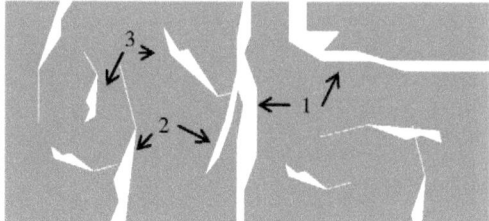

Figure III. 2 : Représentation schématique d'un milieu poreux [96]

Les solides poreux sont fréquemment décrits par la porosité ouverte (ou accessible) P_0 (éq. 3.2).

$$P_0 = (v_1 + v_2)/V_t \quad (3.2)$$

La connectivité C est un paramètre topologique qui caractérise la structure poreuse. Elle peut être définie grâce à la relation suivante (éq. 3.3) [96] :

$$C = b - n + 1 \quad (3.3)$$

avec b, le nombre de branches (ou d'orifices d'une cavité) et n le nombre de nœuds (ou de cavités).

La surface spécifique Sv qui est l'aire des pores rapportée à l'unité de masse du matériau, est une caractéristique du milieu poreux représentant la répartition volumique des pores : pour une même porosité, plus la surface spécifique est élevée, plus le milieu est divisé.

La tortuosité T du milieu caractérise les obstacles au cheminement des fluides dans la structure poreuse ; Carmen [96] le définit par la relation (éq. 3.4):

$$T = \left(\frac{L_e}{L}\right)^2 \quad (3.4)$$

où L_e est la longueur moyenne des lignes de courant d'un fluide traversant le matériau de longueur L.

Trois types de porosité sont considérés dans le béton : la porosité de la pâte de ciment, la porosité des granulats et la porosité de l'auréole de transition. A ces porosités, il convient d'ajouter les vides dus aux inclusions d'air et les fissures dues au retrait.

D'après le Comité Euro – International du Béton (C.E.B) [97], la classification des pores dans le béton est représentée en figure III.3. Essentiellement, ce sont les capillaires et les macropores qui influence les possibilités de transfert.

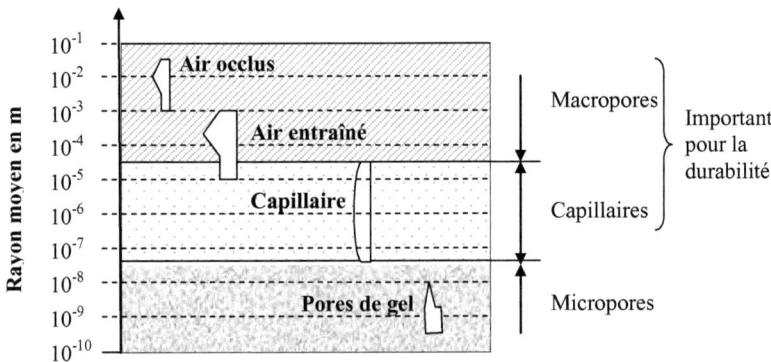

Figure III. 3 : Répartition des pores dans le béton [97]

Les pores d'air entraîné sont des pores qui peuvent êtres dus au compactage (pores de compactage) ou aux bulles d'air non éliminées lors du serrage (pores d'air artificiels).

Les pores capillaires proviennent de l'excès d'eau vis-à-vis la quantité requise pour l'hydratation du ciment et correspondent aux espaces non comblés par les hydrates et initialement occupés par l'eau en formant un réseau continu. Ces pores ont une grande influence sur les mécanismes de transport de matière dans la matrice cimentaire.

Les pores de gel sont plus petits et se forment lors de l'hydratation du ciment. Ils proviennent de la concentration de l'eau d'hydratation lors de son passage de l'état liquide à l'état lié. On retrouve ce type de pore à l'intérieur des hydrates ou dans les espaces vides entre les particules de gel, ils constituent la microporosité de ces hydrates.

III.2.1.2. *Porosité de la pâte de ciment hydratée*

La porosité de la pâte de ciment est constituée par la porosité des hydrates et la porosité capillaire.

La porosité des hydrates est caractérisée par les vides (pores de gel C-S-H) les plus petits (± 10 nanomètres) formés lors de l'hydratation du ciment, en principe non affecté par le rapport E/C [21]. C'est donc une caractéristique intrinsèque des hydrates formés. Les pores de gel sont remplis d'eau fixée physiquement, qui ne s'évapore pas si la dessiccation se produit de manière usuelle. Dès lors, dans des conditions normales, les pores de gel sont pratiquement imperméables aux gaz et aux liquides. Ces pores étant très petits, l'eau y entre et en sort difficilement ; il ne peut être libérée qu'à une température de 105°C.

Les pores capillaires résultent des vides laissés par l'eau excédentaires nécessaire pour obtenir une hydratation complète du ciment et une bonne ouvrabilité du béton. Ils sont tantôt isolés, tantôt reliés entre eux ; dans le second cas ils forment des réseaux qui peuvent aboutir à une ou plusieurs des faces de la pièce de béton. Etant donné qu'ils sont plus grands que les pores de gel (Fig. III.3), le transport d'eau et de gaz dans ces pores, lorsqu'ils sont reliés, est plus rapide.

Powers et al [97], a mis en évidence l'existence d'un seuil E/C proche de 0,70, au de la duquel le réseau capillaire reste toujours interconnecté, même après une hydratation complète du ciment. Un deuxième rapport E/C critique (environ 0,24) est défini, en dessous duquel l'hydratation ne peut pas être totale (sans apport d'eau externe).

III.2.1.3. *Porosité des granulats et de l'auréole de transition*

L'auréole de transition (interface pâte-granulat) est fort influencée par la présence des granulats et par la porosité de la pâte de ciment [96].

Bien que la porosité de certain granulat naturels soit élevée (entre 1 et 5%), elle est habituellement considérée comme négligeable par rapport à celle de la pâte de ciment durci (comprise antre 25 et 30% pour un rapport E/C=0.5) [21]. La porosité des granulats peut avoir une influence directe sur la perméabilité intrinsèque du béton, surtout aux jeunes âges. En effet, si la porosité des granulats ordinaires est habituellement inférieure à celle de la pâte, leur perméabilité n'est pas aussi différente, car la distribution de la taille des pores est tout à fait différente : pour l'essentiel de la pâte, les pores sont dans le domaine de 10 à 100 nanomètres, alors que les pores des granulats sont généralement au-dessus de 10 micromètres. Vis-à-vis de la perméabilité du béton, l'effet ira dans le sens de son augmentation [96]

Au cours du durcissement, les granulats peuvent êtres réactifs ou non. S'ils sont réactifs (cas des granulats calcaires), la porosité totale du béton est diminuée par l'augmentation de la compacité de l'auréole de transition avec l'âge, limitant ainsi l'influence de la porosité des granulats sur celle du composite. Dans le cas contraire, l'auréole de transition augmente en porosité et en parallèle diminue en résistance, ce qui contribue à l'augmentation de la porosité totale et de la perméabilité du béton [21].

III.2.2. Perméabilité

III.2.2.1. Définition

Pour le matériau béton, comme la résistance est un critère de mesure des performances mécaniques, la perméabilité est un critère d'évaluation de la durabilité. Elle représente une grandeur physique qui caractérise la structure poreuse du béton et, par conséquent, son aptitude à résister à l'intrusion des agents agressifs.

III.2.2.2. Perméabilité à l'eau

L'eau comme fluide est souvent considéré comme plus fiable pour évaluer la perméabilité du béton. Elle est plus représentative des conditions d'exposition du béton dans la nature et moins destructive vis-à-vis sa microstructure. Toutefois, certains effets des méthodes de mesure de la perméabilité à l'eau du béton et les facteurs qui peuvent les influencer, constituent en général, une vraie déviation par rapport à la loi de Darcy (saturation incomplète des vides, état d'écoulement no établi, turbulence, etc.), sans compter les particularités du matériau béton lui-même (gonflement, colmatage des pores, interaction chimiques, pression osmotique, etc.).

Compte tenu du nombre de facteurs intervenant dans la mesure de la perméabilité à l'eau du béton, le choix de la méthode expérimentale le mieux adaptée reste délicate. En effet, d'une méthode à l'autre, les procédures de mesure du cœfficient de perméabilité, varient en fonction :
- du type d'écoulement (radial ou axial) ;
- du régime d'écoulement (permanent ou transitoire) ;
- du type de mesure (débit de percolation ou profondeur de pénétration d'eau) ;
- du type de préconditionnement des spécimens d'études.

De nombreux dispositifs expérimentaux de mesure de la perméabilité à l'eau existent. Certains sont destinés à être utilisés en laboratoire, tandis que d'autres permettrent d'effectuer les mesures in situ. Selon la RILEM [98], les méthodes de mesure en laboratoire, par la perméabilité à l'eau dépendent en général des mécanismes de transport suivants :
- la perméation de l'écoulement en régime permanent;
- la pénétration en régime non permanent ;
- l'absorption capillaire.

Pour le premier cas, la saturation de l'échantillon est exigée ; par contre, pour les deux autres ce n'est pas le cas (d'autres mécanismes de transport entrent en jeu). En régime permanent, la perméabilité intrinsèque K est déduite directement de la loi de Darcy [96] (éq. 3.8 appliquée à l'eau).

Les essais de perméabilité en régime permanent pour de faibles débits de fluide s'avèrent inopérants ou non représentatifs. Dans ce cas, la mesure de la profondeur de pénétration unidirectionnelle de l'eau constitue un mode d'essai plus adapté [21].

Les facteurs influençant la mesure de la perméabilité à l'eau du béton, en régime permanent, sont [98]:
- la pression appliquée
- la composition du béton ;
- les dimensions de l'échantillon (épaisseur) ;
- le degré de saturation lié au préconditionnement.

L'appareillage le plus connu pour la mesure en laboratoire de la perméabilité à l'eau est : le perméamètre de Darcy, le perméamètre "Cembureau" et le perméamètre "tri-axial".

Pour la mesure de perméabilité à l'eau des bétons recyclés, Hdjieva-Zaharieva [21] conseille d'utiliser la méthode en régime transitoire (pulse-test) ou celle en régime permanent, basée sur la mesure de la profondeur de pénétration d'eau. Le pulse-test consiste à appliquer à un échantillon préalablement saturé, initialement soumis à un écoulement (axial ou radial) en régime permanent, une brusque variation de la pression d'injection P_i qui devient $P_i+\Delta P$. L'injection est ensuite stoppée ce qui entraîne une chute de pression que l'on mesure au cours de temps : $P_i+\Delta P(t)$. L'analyse de l'évolution de $\Delta P(t)$ permet de déterminer la perméabilité par des techniques de dépouillement numérique et/ou analytique.

III.2.2.3. *Perméabilité à l'air*

Comme indicateur de durabilité du béton, la perméabilité aux gaz (particulièrement l'air) est d'usage répandu. Le cœfficient de perméabilité aux gaz dépend de la nature et de la compressibilité du gaz utilisé, de la pression appliquée et de la température (facteurs d'origine externe), ainsi que de certains facteurs d'origines interne, liés aux propriétés du béton étudié, mais surtout au préconditionnement des échantillons.

L'écoulement d'un gaz à travers un milieu poreux sous gradient de pression se décompose en trois débits dûs à:
- un écoulement primaire, dit visqueux ou de masse, dont le mouvement est régi par l'interaction mutuelle (caractérisée par la viscosité) entre les molécules ;
- un écoulement secondaire (par glissement), résultant de réflexions successives des molécules gazeuses entre la paroi d'un pore et l'écoulement de masse du fluide ;
- un écoulement additionnel (de diffusion de surface), dû à la différence de concentration des molécules gazeuses adsorbées à la surface des pores. Ce type d'écoulement n'intervient pas lors de la mesure si le gaz est non adsorbant (air, hydrogène, ou hélium).

En laboratoire, la perméabilité aux gaz des bétons est habituellement mesurée au moyen de perméamètres à charge constante et plus rarement, au moyen de perméamètres à charge variable [99]. Cependant, selon la charge appliquée (constante ou variable) et la taille des éprouvettes, plusieurs types de perméamètre on été développés [100].

Le perméamètre à charge constante type Cembureau permet d'appliquer un gradient de pression constant durant l'essai et de mesurer la perméabilité aux gaz en régime permanent (paragraphe IV.7.7). Pour chaque valeur de débit correspondant à une pression appliquée, la valeur de la perméabilité apparente est donnée par la loi de Darcy, transposée pour le cas d'un fluide compressible. Lorsque la perméabilité apparente est portée en fonction de l'inverse de la pression moyenne sur un graphique (Fig. III.7), une corrélation linéaire apparaît entre les deux grandeurs : la coordonnée à l'origine de la droite obtenue est appelée perméabilité intrinsèque et est calculée selon l'approche de Klinkenberg.

Avec le perméamètre à charge constante type Cembureau, la perméabilité des bétons aux gaz est relativement simple à mesurer. Elle est fort dépendante de la cure des éprouvettes [8], mais par contre, pas de leur taille [100].

Le perméamètre à charge variable est dérivé d'un matériel conçu pour des applications pétrolières (Fig. III.4) [21, 99]. Il s'agit d'un appareillage simple, d'une étanchéité facile à réaliser et qui donne des mesures rapides; de plus, son utilisation ne nécessite ni gaz comprimé ni débitmètre mais, toutefois, on lui reproche la complexité de sa physique [99].

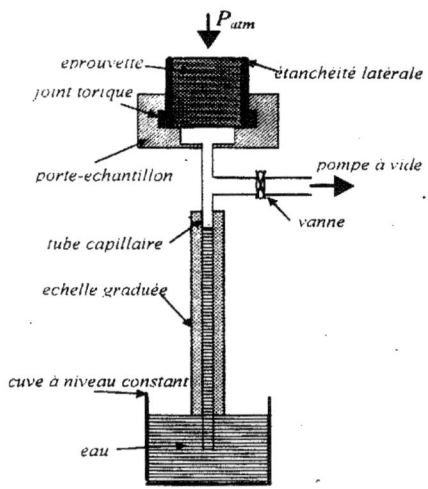

Figure III. 4: Perméamètre à l'air type à charge variable [21]

La théorie appliquée pour le permèamètre à charge variable est la loi de Darcy, mais on peut utiliser une autre théorie simplifiée qui néglige la compressibilité de l'air entre les deux pressions régnant de part et d'autre de l'éprouvette [21, 99]. Les résultats obtenus avec ce type de perméamètre sont voisins de ceux obtenus avec le perméamètre à charge constante de type Cembureau [99].

C'est essentiellement la nature du granulat fin qui détermine le niveau de perméabilité à l'air du béton ; la nature du granulat détermine le degré de défauts (microstructures) à l'interface pâte/granulat, principale responsable de la percolation d'un gaz [101].

III.2.2.4. Perméabilité de surface

La perméabilité de la peau (zone périphérique) d'un béton, caractérise essentiellement la qualité du béton d'enrobage et constitue un paramètre essentiel pour l'évaluation de sa durabilité. Cette zone est affectée très tôt par des départs d'eau. Par conséquent, elle est moins bien hydratée, donc plus poreuse, plus perméable et moins compacte et, globalement, de moins bonne qualité. C'est aussi dans cette zone que sont ressentis les effets des fluctuations climatiques, de la carbonatation, et que se développe la fissuration superficielle [21].

La majorité des essais portant sur la perméabilité de la peau du béton se regroupent en deux familles (Fig. III.5) principales : ceux qui opèrent sur la surface du béton, développés par Schölin-Hildsdorf, et ceux qui s'exécutent dans une cavité, confinée, rendue accessible par forage de la surface, développés par Figg [21].

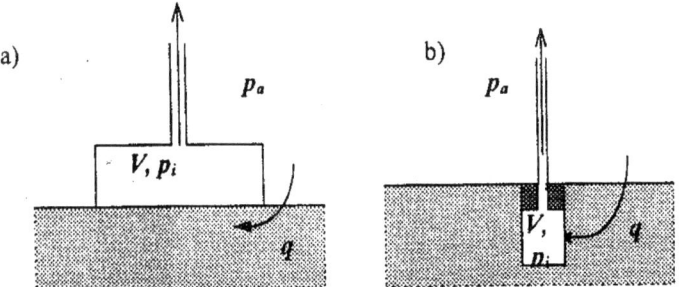

Figure III.5: Méthodes de perméabilité de surface développées par Schölin-Hildsdorf (a) et Figg (b) [21]

Le perméamètre à charge constante peut être utilisé pour mesurer la perméabilité de peau du béton à partir de la mesure du coefficient de perméabilité sur des éprouvettes en mortiers ; le calcul de ce coefficient résulte directement de la loi de Darcy, transposée pour le cas d'un fluide compressible [102].

Les bétons recyclés sont beaucoup plus perméables en surface que les bétons naturels; la perméabilité est essentiellement conditionnée par le rapport E/C très élevé. Une corrélation de type puissance relie la perméabilité de surface des bétons recyclés et leur rapport E/C [21].

III.2.3. Lois de transport au sein du béton

Les principaux transferts de masse dans le béton se font soit par gradient de pression (perméation) soit par gradient de concentration (diffusion) et le plus souvent par par absorption capillaire.

III.2.3.1. *Transport par écoulement hydraulique (phénomène de perméabilité)*

La perméabilité d'un matériau poreux caractérise la capacité de ce matériau saturé en fluide (gaz ou liquide) à se laisser traverser par ce fluide, sous un gradient de pression. Il est supposé que le fluide d'infiltration est inerte par rapport au matériau, c'est-à-dire qu'il n'y a aucune interaction physique ou chimique entre le fluide et le matériau.

A. **Fluide incompressible. Cœfficient de perméabilité intrinsèque**

La perméabilité K d'un matériau caractérise son aptitude à se laisser traverser par un fluide soumis à un gradient de pression (Fig. III.6).

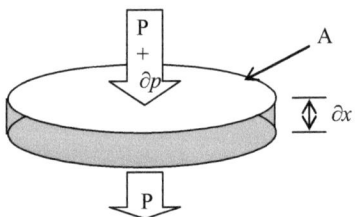

Figure III. 6 : Définition de la perméabilité [96]

C'est à partir de la loi de Darcy (1956), qui est une application de la loi de Hagen-Poseuille au milieu poreux [95, 96, 97], que la perméabilité intrinsèque K (m^2) d'un milieu (caractéristique indépendante de la nature du fluide) qui exprime le débit volumique Q d'un fluide de viscosité µ qui traverse une épaisseur ∂x d'un matériau de section A sous la différence de pression ∂p, a été défini. Cette loi (éq. 3.5) traduit la proportionnalité entre la vitesse d'écoulement du fluide (laminaire) à travers un milieu poreux granulaire continu et isotrope (pas d'interaction entre le fluide et le milieu) et le gradient hydraulique appliqué à ce milieu. Le gradient de proportionnalité est appelé « cœfficient de perméabilité » :

$$v = -k \cdot i \qquad (3.5)$$

avec v : vitesse linéaire apparente du fluide (m/s) ;
i : gradient hydraulique ;
k : coefficient de perméabilité (m/s)

En considérant que l'écoulement est parallèle à l'axe des x, et en définissant un coefficient de perméabilité intrinsèque K (principe de Hagen-Poseuille), on obtient l'éq. 3.6 :

$$K = k \frac{\mu}{\gamma} \qquad (3.6)$$

avec μ : viscosité dynamique du fluide (Pa.s) ;
 γ : poids spécifique du fluide (N/m^3) ;
 K : Perméabilité intrinsèque (m^2).

La relation initiale (éq. 3.5), adapté au cas d'un fluide incompressible et pour un écoulement visqueux, devient alors (éq. 3.7):

$$v = -\frac{K}{\mu} \frac{\partial p}{\partial x} \qquad (3.7)$$

avec $\frac{\partial p}{\partial x} = i.\gamma$: gradient de pression

Ainsi, le débit volumique Q = v.A du fluide traversant le corps de surface A et de hauteur ∂x s'écrit (éq. 3.8):

$$Q = -\frac{K}{\mu} A \frac{\partial P}{\partial x} \qquad (3.8)$$

avec $\Delta P = P_1 - P_2$: différence de pression (Pa), P_1 et P_2 étant les pressions appliquées à l'entrée (x=0) et à la sortie (x=L) de l'échantillon respectivement.

Ces équations sont valables pour un écoulement dit à viscosité dominante (les forces dues à la viscosité prédominent sur les forces d'inertie)

B. Fluide compressible (gaz). Cœfficient de perméabilité apparente aux gaz

Dans le cas d'un fluide compressible (gaz), la vitesse d'écoulement varie en tout point avec la pression. Pour un corps considéré (Fig. III.7), soumis au gradient de pression ΔP, le débit massique du gaz traversant une épaisseur L, qui est constant en tout point, s'écrit, selon le principe de continuité (éq. 3.9):

$$\rho_1 v_1 = \rho_2 v_2 = -\frac{K}{\mu} \rho \frac{\Delta p}{L} \qquad (3.9)$$

avec ρ : la densité moyenne du fluide

Si l'écoulement est isotherme, la vitesse v_2 à la sortie du corps peut s'écrire (éq. 3.10):

$$v_2 = \frac{K}{\mu} \frac{\left(P_1^2 - P_2^2\right)}{2P_2 L} \qquad (3.10)$$

Le débit volumique Q_2 dans ce cas sera égal à $v_2.A$ et, par suite, la perméabilité apparente Ka est donnée par la relation suivante (éq. 3.11):

$$Ka = \frac{2QP_2 L}{\left(P_1^2 - P_2^2\right)} \mu \qquad (3.11)$$

Dans le cas d'un perméamètre à gaz du type CEMBUREAU (paragraphe IV.7.7 et annexe 4), la valeur de P_2 est égale à la pression atmosphérique.

Selon l'approche de Klinkenberg, lorsque la perméabilité apparente est portée en fonction de l'inverse de la pression moyenne sur un graphique (Fig. III.5), une corrélation apparaît entre les deux grandeurs : la coordonnée à l'origine de la droite obtenue est appelée perméabilité intrinsèque (K_{int}) et l'équation de cette droite est donnée par (éq. 3.12):

$$K_a = K_{int}\left(1 + \frac{\beta_k}{Pm}\right) \qquad (3.12)$$

avec K_{int} : coefficient de perméabilité intrinsèque (m^2)
β_k : coefficient de Klinkenberg (N/m^2),
Pm : pression moyenne d'essai (N/m^2), Pm = $(P_1+P_2)/2$

Le coefficient β_k est fonction de la porosité du milieu et du gaz infiltré. Il augmente avec la perméabilité du milieu:

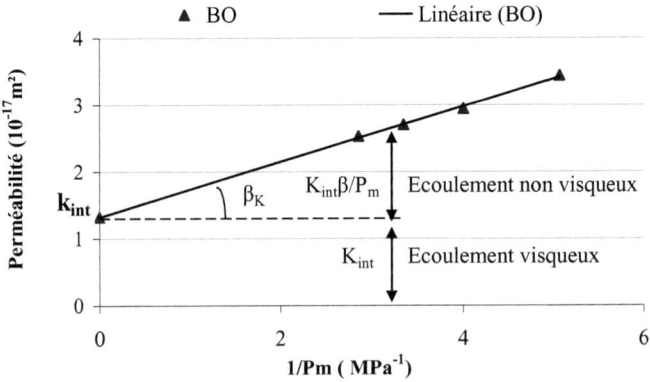

Figure III. 7 : Exemple de perméabilité apparente en fonction de la pression moyenne dans le cas d'un essai de perméabilité à l'oxygène pour un béton ordinaire [95]

Il y a coexistence de deux débits dans le matériau : un débit laminaire ou visqueux obéissant à la loi de Poiseuille et un débit moléculaire ou non visqueux. L'approche expérimentale de Klinkenberg permet d'estimer la part de chacun des écoulements.

III.2.3.2. Transport par diffusion (coefficient de diffusion)

A. Coefficient diffusion effective (1^{ière} Loi de Fick)

Ce processus est caractérisé par un coefficient de diffusion D_f (en m^2/s) défini par la première loi de Fick (éq. 3.13) [95, 96]:

$$J_x = -D_f \frac{\partial c}{\partial x} \quad (3.13)$$

où J_x est le flux du constituant dans la direction x (Fig. III.8), $\partial c/\partial x$ son gradient de concentration dans cette direction et c la concentration (en kg/m^3).

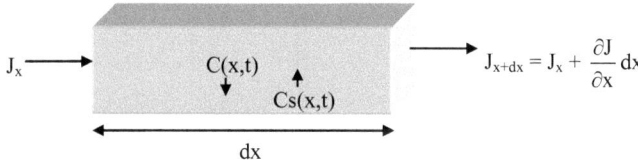

Figure III. 8 : Elément de volume traversé par un flux de constituant donné

B. Equation de conservation (2ième Loi de Fick)

Selon la loi de conservation de masse, l'accroissement du diffusant en fonction du temps $\partial C/\partial t$ dans l'élément de volume de longueur dx est égale à la quantité du diffusant pénétrant dans le volume moins la quantité du diffusant sortant du volume (éq. 3.14) [95].

$$\frac{\partial C}{\partial t} dx = J_x - J_{x+dx} \quad (3.14)$$

$$\frac{\partial C}{\partial t} dx = J_x - \left(J_x + \frac{\partial J}{\partial x} dx \right) \quad (3.15)$$

$$\frac{\partial C}{\partial t} = -\frac{\partial J}{\partial x} = -\frac{\partial}{\partial x}\left(-D\frac{\partial C}{\partial x}\right) \quad (3.16)$$

si D est indépendante de x alors, la seconde loi de Fick s'écrit (éq. 3.17):

$$\frac{\partial C}{\partial t} = -D \frac{\partial^2 C}{\partial x^2} \quad (3.17)$$

C. Cœfficient de diffusion apparent

Dans le cas d'une adsorption (Fig. III.8), on obtient l'équation suivante (éq. 3.18), en écrivant l'équation de conservation de matière dans une section élémentaire d'un pore [95, 96] :

$$\frac{\partial C}{\partial t} = -D_f \frac{\partial^2 C}{\partial x^2} - \frac{\partial Cs}{\partial t} \qquad (3.18)$$

où Cs (en kg/m^3) est la concentration d'élément adsorbé par unité de volume de porosité.

Si l'adsorption peut être décrite par un coefficient de partage K, en posant K=Cs/C, l'équation (3.18) devient (éq. 3.19):

$$\frac{\partial C}{\partial t} = -D_a \frac{\partial^2 C}{\partial x^2} \qquad (3.19)$$

avec $D_a = \dfrac{D_f}{1+K}$: coefficient de diffusion apparent

III.2.4. Relations entre perméabilité et structure poreuse du béton

Il n'y a pas de relation simple entre la porosité des bétons et leur perméabilité. Dans la littérature, l'ensemble des théories reliant la structure poreuse aux propriétés de transport sont initialement développées dans le domaine des roches sédimentaires ; elle sont fonction de la méthode d'investigation employée (intrusion au mercure, adsorption d'azote, analyse d'image, etc.). Les deux relations les plus connues dans ce domaine sont la formule de Kozeny-Carman et la théorie de Katz-Thomson [103] :

- la formule de Kozeny-Carman (éq. 3.20) met en relation la perméabilité K intrinsèque (éq. 3.6), la porosité ϕ et la surface spécifique S_s (m^{-1}) :

$$K = \phi^3 / 2\, S_s^2 \qquad (3.20)$$

- la théorie de Katz-Thomson (éq. 3.21) qui, semble bien adaptée aux matériaux cimentaires, introduit la notion de diamètre critique (d_c), représentant le diamètre minimum des pores qui sont géométriquement continus à travers toutes les régions de la pâte de ciment hydraté :

$$K = d_c^2 / 226\, F \qquad (3.21)$$

avec F : facteur de formation $F = \sigma_0 / \sigma = D_0 / D$;

σ : conductivité électrique du matériau saturé par un électrolyte de conductivité σ_0 ;

D_0 : diffusivité intrinsèque (ou libre) des ions Cl$^-$ dans l'électrolyte ;

D : diffusivité équivalente du matériau poreux saturé.

Dans le béton, plusieurs approches sont faites à partir des résultats expérimentaux, reliant la perméabilité avec la structure poreuse. La perméabilité évolue comme le diamètre moyen des plus gros capillaires c'est-à-dire comme l'absorption initiale, paramètre plus aisément mesurable [97]. En connaissant la porosité φ du béton, l'équation (3.22) d'Ergun [98] permet, à partir des mesures du débit massique apparent lors d'un test de perméabilité au gaz, de viscosité μ et de masse volumique ρ, de calculer le diamètre moyen des pores d (m).

$$\frac{\Delta P}{P} = 150 \frac{(1-\varphi)^2}{\varphi^3} \mu \frac{v}{d^2} + 1,75 \frac{(1-\varphi)}{\varphi^3} \rho \frac{v^2}{d} \qquad (3.22)$$

avec   v : vitesse moyenne (m/s)

III.3. Capillarité

III.3.1. Définition

C'est la porosité des quelques premiers millimètres de la périphérie du béton qui gouverne la pénétration des agents agressifs. Ceux-ci migrent d'autant plus facilement que cette porosité est élevée.

La capillarité est la remontée d'un liquide par succion capillaire dans les pores d'un béton en contact avec une nappe liquide, sous l'effet des forces de surface qui résultent des tensions interfaciales solide/liquide/gaz [21].

En effet, le béton est un matériau à structure poreuse évolutive. La cinétique d'absorption d'eau est modifiée au fur et à mesure du durcissement ; la taille et le nombre des capillaires sont fonction de l'hydratation. Dans la littérature, l'ensemble des modèles proposés pour le processus de capillarité des matériaux cimentaires ont en commun un point essentiel: l'absorption d'eau est fonction de la racine carré du temps.

III.3.2. Modélisation

Le modèle de Hall proposé pour décrire l'absorption d'eau des mortiers et des bétons, est une relation linéaire entre la masse d'eau absorbée et la racine carrée du temps (éq. 3.23) [97]:

$$M = S.\sqrt{t} \qquad (3.23)$$

Chölin [97] propose un modèle qui semble être bien adapté aux bétons. Il relie la quantité d'eau absorbée (w) à un instant (t) à la quantité d'eau absorbée après une heure (w_1) par la relation (éq. 3.24) :

$$w = w_1.t^n \qquad (3.24)$$

avec   n : exposant caractéristique du béton analysé.

Selon les prescriptions du Comité Européen du Béton (C.E.B), l'ascension maximale (H_{max} en mm) d'eau dans le béton peut être calculée sur base de la loi d Jurin simplifiée et est donnée sous la forme (éq. 3.25) :

$$H_{max} = \frac{15}{r} \qquad (3.25)$$

avec   r : rayon moyen des capillaires

Le principe d'absorption d'eau par capillarité unidirectionnelle est le plus souvent utilisé [21]. Trois cas (Fig. III.9) de figure peuvent être envisagés :
1) l'absorption d'eau par succion capillaire est opposée à la gravitation. Il existe un équilibre pour l'infiltration d'eau ;
2) le flux total est la somme du flux capillaire et du flux dû à la force gravimétrique ;
3) l'absorption d'eau est indépendante de l'effet de la gravimétrie.

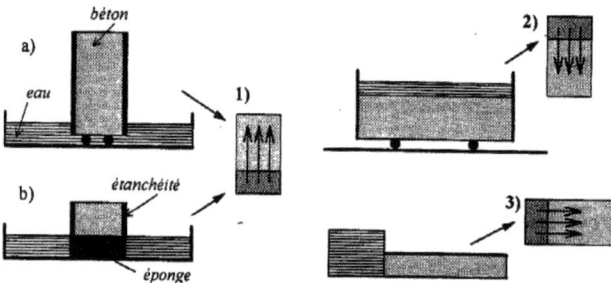

Figure III. 9 : Cas d'absorption d'eau unidirectionnelle par les matériaux poreux à partir d'une source d'eau libre [21]

III.3.3. Principe d'évaluation

Le remplissage d'un capillaire est d'autant plus rapide que son diamètre est important. Sur la courbe "Masse d'eau absorbée – racine carrée du temps" (Fig. III.10), deux importantes parties peuvent êtres dégagées [97] :
1- la durée de la première partie de la courbe qui dure jusqu'à 1 heure, traduit le remplissage des plus gros capillaires et peut être adoptée en référence aux travaux de Shölin. La quantité d'eau absorbée pendant ce temps appelée absorption initiale (en kg/m^2) est un paramètre prédominant pour caractériser la durabilité des bétons, car les plus gros capillaires sont des chemins privilégiés pour la pénétration des fluides gazeux et liquides;
2- la deuxième partie de la courbe correspond au remplissage des capillaires les plus fins. Elle caractérise l'absorptivité (en $kg/m^2.h^{0.5}$) du matériau, définie comme la pente de la droite, prise entre 1 heures et le plus souvent 24 heures. L'absorptivité est responsable du développement de la microstructure de la phase liante du béton et évolue jusqu'à ce que l'hydratation s'achève.

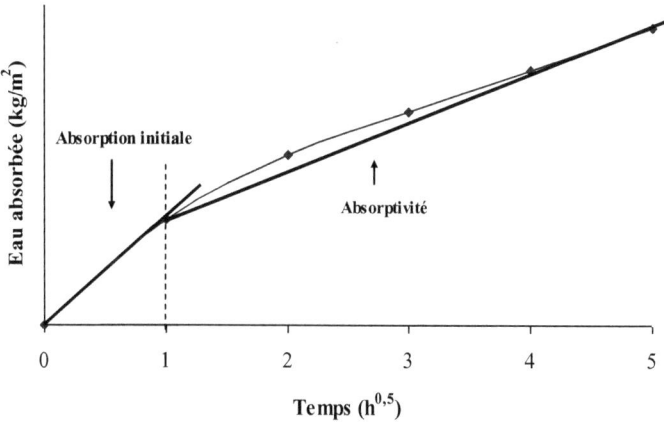

Figure III. 10 : Cinétique d'absorption d'eau [97]

Le béton naturel absorbe une quantité d'eau nettement plus importante par les faces coffrées que les faces sciées. En générale, le processus d'absorption d'eau par un béton recyclé est similaire à celui d'un béton naturel et obéit aux mêmes lois [21].

III.4. Carbonatation

III.4.1. Définition

La carbonatation est un phénomène de vieillissement naturel qui concerne tous les bétons. Elle correspond à une transformation progressive en calcite d'un des composés du béton durci, la portlandite, au contact du dioxyde de carbone contenu dans l'air et en présence d'humidité. Cette transformation s'accompagne d'une diminution du pH (le béton sain a un pH d'environ 13, ce qui constitue un milieu protecteur pour les armatures en acier et permet la formation d'une couche d'oxydes passifs). Le pH d'un béton carbonaté est d'environ 9. A ces valeurs de pH, le film passif est détruit et la corrosion peut se développer.

Le dioxyde de carbone atmosphérique, a un taux moyen dans l'air de 0.03%, réagit avec les différents hydrates du ciment et principalement avec la Portlandite pour donner du carbonate de calcium [95].

Une des conséquences principales de la carbonatation est de favoriser la corrosion des armatures, lorsque le front de carbonatation les atteint. Elle se traduit la plupart du temps par l'apparition d'épaufrures, laissant apparaître des armatures oxydées.

La vitesse du front de carbonatation dépend de la perméabilité au gaz du béton car le CO_2 pénètre par la porosité du béton ; la teneur en humidité du béton est également importante et une humidité relative de 50% est favorable aux réactions [104, 105].

Dans la littérature, il a été constaté que le processus de carbonatation du béton recyclé est gouverné par les mêmes principes que ceux des bétons naturels ;

néanmoins les bétons recyclés semblent se carbonater plus rapidement que les bétons naturels [21].

III.4.2. Mécanismes de carbonatation

La carbonatation résulte de l'interaction du dioxyde de carbone gazeux contenu dans l'atmosphère avec les hydroxydes alcalins et alcalino-terreux du béton. Le dioxyde de carbone se dissout dans l'eau pour former de l'acide carbonique (éq. 3.26). Celui-ci n'attaque pas la pâte de ciment, mais neutralise uniquement les alcalis et hydroxydes alcalino-terreux de l'eau située dans les pores, principalement en formant du carbonate de calcium.

$$CO_2 + H_2O \longrightarrow H_2CO_3 \qquad (3.26)$$

Lors du phénomène de carbonatation, les principales réactions chimiques observées sont celles des silicates de calcium hydratés (éq. 3.27), de la Portlandite (éq. 3.28) et de l'ettringite (éq. 3.29) [106]:

$$3CaO. 2SiO_2. 3H_2O + 3H_2CO_3 \longrightarrow 3CaCO_3 + 2SiO_2 + 6H_2O \qquad (3.27)$$

$$H_2CO_3 + Ca(OH)_2 \longrightarrow CaCO_3 + 2H_2O \qquad (3.28)$$

$$3CaO. Al_2O_3. 3CaSO_4. 31H_2O + 3H_2CO_3 \longrightarrow$$
$$3CaCO_3 + 2Al(OH)_3 + 3CaSO_4. 2H_2O + 28\ H_2O \qquad (3.29)$$

Le gaz carbonique pénètre au coeur du béton par diffusion, pendant que les NaOH, KOH et $Ca(OH)_2$ diffusent également vers le front de carbonatation.

III.4.3. Influence de l'état de saturation du matériau

La cinétique de la carbonatation dépend de la facilité avec la quelle le CO_2 pénètre à l'intérieure des pores du béton. Or, dans le processus de la diffusion du CO_2, l'humidité relative joue un rôle primordial. En effet, le coefficient de diffusion du CO_2 dans l'air est 10000 fois plus élevé que dans l'eau [95]. En d'autres termes, lorsque les pores du béton sont saturés d'eau la pénétration est extrêmement faible et la carbonatation est pratiquement inexistante. De même si le béton se trouve dans un milieu très sec, la quantité d'eau est insuffisante pour dissoudre le CO_2 et les échantillons desséchés ne se carbonatent que modérément.

III.4.4. Modélisation

La variation de la profondeur de carbonatation du béton en fonction du temps est basée sur la loi de diffusion de Fick [106]. La quantité (m) de gaz carbonique qui diffuse à travers une tranche de béton est donnée par (éq. 3.30):

$$m = -D.A.\frac{C_1 - C_2}{x} \qquad (3.30)$$

avec   D : coefficient de diffusion apparent du CO_2 à travers le béton carbonaté (m^2/s);
A : air de la section du béton (m^2);
C_1 : concentration extérieure en CO_2 (kg/m^3);
C_2 : concentration en CO_2 sur le front de carbonatation (kg/m^3);
x : épaisseur de la couche carbonatée (m);
t : le temps (s).

La masse (m) de quantité de CO_2 nécessaire (a) pour augmenter la profondeur de carbonatation d'une distance dx est donnée par la relation (éq. 3.31):

$$m = a.A.dx \qquad (3.31)$$

En égalisant les deux équations 30 et 31 et en intégrant, on aura (éq. 3.32):

$$x^2 = \frac{2D}{a}(C_1 - C_2)t \qquad (3.32)$$

En regroupant tous les paramètres constants dans la notation C, on retrouve l'expression connue (éq. 3.33):

$$x = C.\sqrt{t} \qquad (3.33)$$

La profondeur de carbonatation du béton est alors fonction de la racine carré du temps (en jours) avec $C = \sqrt{\dfrac{2D.C_2}{a}}$ qui est la constante de vitesse de carbonatation (en $m/\sqrt{j}$) et $C_2 = 0$.

Certains auteurs [95], utilisent une équation dépendant de la carbonatation instantanée du béton x_0 (fonction de la cure), de la forme :

$$x = x_0 + K.\sqrt{t} \qquad (3.34)$$

III.4.5. Méthodes d'évaluation

L'étude de la carbonatation du béton peut être fait par deux types essais : naturel (à temps réel) ou accélérée. L'essai naturel certes, le plus proche de la réalité, est relativement long ; il faut plusieurs années pour mettre en évidence le phénomène et il est très difficile de maintenir durant un temps aussi long des conditions d'ambiance constantes. Le deuxième type est un essai accéléré ; à hygrométrie constante, les spécimens de béton sont soumis à la carbonatation dans une enceinte avec circulation forcée de gaz carbonique (paragraphe IV.4.10).

D'après certains auteurs [95], un séjour du béton de 50 jours en enceinte correspond à 410 années de carbonatation à temps réel.

Pour les deux types d'essais, la mesure de la profondeur de carbonatation est réalisée moyennant le test à la phénophtaléine. C'est un essai simple et couramment utilisé. D'autres colorants ayant des plages de virement différentes (comme le bleu de bromothymol) peuvent êtres utilisés. Toutefois, les écarts sont faibles avec la phénophtaléine et ne justifient pas leur utilisation [21].

III.5. Comportement aux cycles de gel-dégel

III.5.1. Définition

Le milieu ambiant est plus agressif pour l'ouvrage en béton pendant l'hiver. Les bétons de mauvaise qualité (comme les bétons recyclés) sont beaucoup plus menacés par la répétition des cycles de gel-dégel qui peuvent entraîner des fissurations considérables dues à la formation de glace.

L'étude du comportement des bétons aux cycles de gel-dégel est basée sur une méthode accélérée représentative de leur durabilité vis-à-vis les agressions d'origine physique comme la modification de la microstructure du béton, changement de température ou encore l'apparition et la propagation des fissures.

L'expérience a montré que le comportement global du béton aux cycles de gel-dégel est l'interaction entre la gélivité de la pâte de ciment et celle des granulats et non pas l'additions des deux [107].

III.5.2. Gélivité de la pâte de ciment

Le gonflement du béton n'est pas lié directement à la baisse de température sous zéro degré, mais à la vitesse à laquelle cette baisse se produit. En effet, dans un pore de pâte de ciment, l'eau gèle à une température qui dépend de la dimension du pore ; son volume augmente de 9%, mais cet effet incontestable n'est cependant pas la cause principale du gonflement mais, la thermodynamique montre que, sous l'effet de gel, la glace devrait se former à l'extérieur du corps poreux pour donner naissance à des contractions liées au départ d'eau [106, 107].

Le degré de saturation en eau d'une pâte de ciment conditionne sa tenue au gel-dégel. Maso [106] admet que la résistance au gel d'une pâte de ciment sera bonne si le rapport de la quantité d'eau liquide au volume de la porosité est inférieur à 0,9.

Les phénomènes qui interviennent durant le gel d'une pâte de ciment sont nombreux ; pour simplifier, l'ensemble des chercheurs qui ont tenté de modéliser le comportement du matériau se sont penchés sur le processus en annulant la part des autres phénomènes. Le point commun entre les différentes théories est le rôle protecteur des bulles d'air.

Les trois modèles les plus utilisés dans ce domaines sont : le modèle Powers - 1949 (basé sur théorie des pressions hydrauliques), le modèle Powers et Helmuth - 1953 (basé sur la théorie des pressions osmotiques) et, finalement, le modèle Livtan – 1972/1980 (basé sur l'analyse thermodynamique) [104]. La théorie de Livtan, la plus récente et la plus utilisée par les auteurs, rejoint celle de Powers et explique clairement les causes premières des mouvements d'eau et de dessiccation produites par le gel : le gel, sans qu'il ne se forme nécessairement de glace dans les capillaires, crée un déséquilibre qui pousse l'eau des capillaires vers les interfaces pâte-air. Ce mouvement engendre des tensions qui sont d'autant plus fortes que le trajet à parcourir est long et que les capillaires deviennent de plus en plus fins et que la vitesse de refroidissement est élevée.

III.5.3. Gélivité des granulats

Les agrégats sensibles au gel absorbent de l'eau qui s'expanse durant le gel et désagrége le granulat et la pâte de ciment durcie (Fig. III.11) [106].

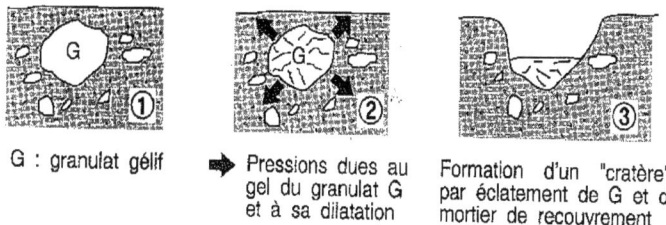

G : granulat gélif   ➡ Pressions dues au   Formation d'un "cratère"
                     gel du granulat G   par éclatement de G et du
                     et à sa dilatation   mortier de recouvrement

Figure III. 11 : Effets de gel des granulats sur le béton [107]

III.5.4. Interaction pâte de ciment-granulats dans les bétons

Outre la gélivité des granulats, leur porosité et leur perméabilité influent énormément sur le comportement du béton face aux cycles de gel-dègel. Sur cette base, trois types de granulats se présentent :

1- granulat à forte porosité et forte perméabilité (gros pores) : ces granulats expulsent rapidement l'eau absorbée et par suite ne fissurent pas lors du gel. Néanmoins, cette grande quantité d'eau envahira la pâte de ciment en y provoquant des pressions internes ;

2- granulats à porosité et perméabilité faibles: ces granulats n'absorbent que peu d'eau et, par suite, le rejet d'eau vers la pâte sera faible et lent. Par conséquent, les pressions internes dans le béton seront faibles ;

3- granulats à porosité et perméabilité intermédiaires : ces granulats influent sur la pâte de ciment par leur granulométrie. S'ils sont saturés, les plus grossiers sont les plus nocifs puisqu'il amènent la plus grande quantité d'eau. De plus, si la pâte est de bonne qualité et bien compacte, elle ne pourra pas accueillir facilement l'eau provenant des granulats, même si elle contient de l'air comprimé.

III.6. Durabilité du béton vis-à-vis les eaux agressives

III.6.1. Généralités

Le béton est généralement exposé à la pluie, à la neige, aux eaux souterraines, à l'eau de mer et à toutes les solutions résultant de la dissolution de sels ou de gaz. Il est donc soumis à différentes substances chimiques dont le vecteur commun est l'eau et qui peuvent affecter négativement ses performances et son comportement dans le temps.

Les dégradations des bétons auront comme origine, soit des attaques acides, par dissolution et/ou érosion, soit des agressions salines, par fissuration et éclatement.

III.6.2. Agents agressifs et mécanismes de dégradation du béton

Les agents agressifs peuvent être classés en quatre catégories :
1- les gaz : le transfert dans le béton se fait par diffusion et dépend fortement de l'humidité relative du matériau ;
2- les liquides organiques ou inorganiques : le mouvement du liquide dans le béton se fait soit par gradient de pression hydraulique ou capillarité soit par diffusion ionique ou moléculaire ;
3- les solides : leurs capacité d'extraction et de passage en solution leur permet de s'infiltrer dans le béton comme un liquide ;
4- les milieux biologiques : les bactéries contenues dans les eaux d'épuration libèrent des acides par réactions biologiques et pénètre dans le béton moyennant le vecteur d'eau comme un liquide.

Les mécanismes fondamentaux d'altération des bétons et leurs effets, sont basés sur trois réactions importantes : hydrolyse des hydrates de la pâte de ciment durcie, réactions d'échange entre le milieu agressif et les composés hydratés et enfin réactions entrainant la formation des produit expansifs. Les processus de détérioration sont résumés dans la figure III.12

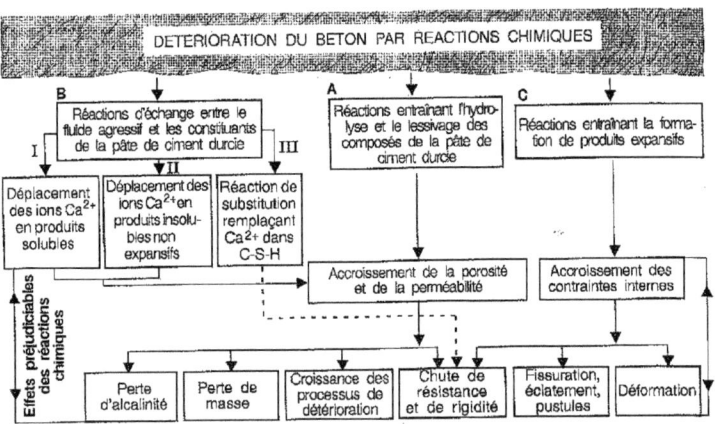

Figure III. 12 : Processus de détérioration du béton par les attaques chimiques [107]

III.6.3. Durabilité du béton au contact de milieux acides

Les situations les plus fréquentes dans lesquelles en rencontre des milieux acides sont les suivantes : les eaux naturelles (abaissement possible du pH jusqu'à 4), les milieux industriels (différents types d'acides souvent minéraux et organiques) et les réseaux d'égouts (activité bactérienne).

La plus ou moins grande nocivité des acides dépend du caractère soluble ou insoluble des sels qu'ils forment par réaction avec les hydrates calciques. En général, l'action des milieux acides est identique dans son principe à celle des eaux pures et douces, mais elle est plus intense : la Portlandite est dissoute en premier, puis les silicates et aluminates de calcium hydratés sont attaqués et perdent leur calcium. Il en résulte une dégradation progressive de la pâte et, par conséquent, du béton.

III.6.4. Durabilité du béton au contact de milieux salins

III.6.4.1. *Risque de corrosion : attaque des chlorures*

La durabilité des ouvrages en béton armé est mise en question à cause de deux agents extérieurs qui contribuent à la dépassivation des aciers : le dioxyde de carbone (toujours présent en atmosphère) et les ions chlorure.

Les milieux poreux tels que le béton sont vulnérables à cause de leur porosité ouverte. En conditions normales, avec l'alcalinité du béton voisine d'un pH de 13, l'acier, dans une structure en béton armé, est normalement protégé de la corrosion par une fine pellicule d'oxyde : on dit que les armatures sont passivées. Si les conditions de stabilité de la couche protectrice sont modifiées, l'état de passivation cesse et la corrosion des armatures s'amorce. Au niveau des armatures, la corrosion va entraîner un gonflement (fissuration) du matériau suivi d'un éclatement du béton d'enrobage.

Dans le milieu environnant, les chlorures proviennent de multiples sources, dont notamment :
1- les constructions en site marin qui sont parfois exposées à l'eau de mer et dans tous les cas aux embruns ;
2- les sels de déverglaçage en période hivernale ;
3- les constructions situées en régions industrielles exposées aux attaques d'éventuels rejets chlorés.

La pénétration des ions chlorures dans le béton est le résultat de plusieurs processus possibles. Dans un milieu saturé, le transfert est gouverné par la diffusion des ions sous gradients de concentration et leur fixation par les hydrates de la pâte de ciment. C'est le cas de structures immergées. Par contre, dans un milieu partiellement saturé ou soumis à des cycles d'humidification et de séchage, comme les parties des ouvrages exposées aux marées, embruns et sels de déverglaçage, les chlorures sont susceptibles de migrer avec la phase liquide interstitielle par convection (cas de capillarité). Une humidification d'un matériau sec par une solution saline durant une journée peut faire pénétrer des chlorures plus profondément que ne le feront plusieurs mois de diffusion en milieu saturé [107].

Après pénétration dans le béton, les chlorures peuvent se trouver à l'intérieur de la microstructure de la pâte sous deux formes distinctes:
1- <u>liés</u> : les chlorures adsorbés sur la paroi solide (sels insolubles) ou ayant réagi avec certains composés du ciment pour donner le sel (soluble) de Friedel ($C_3A.CaCl_2.10H_2O$). La désorption est possible et les chlorures retournent alors sous forme ionique ;
2- <u>libres</u> : les chlorures présents sous forme ionique dans la solution qui peuvent migrer à l'intérieur du béton durci par diffusion sous l'effet de gradients de concentration.

Un élément de béton immergé dans un milieu chargé en chlorures dont la concentration est constante, constitue un milieu semi infini dans lequel les ions chlore pénètrent en obéissant à la deuxième loi de Fick [108].

La teneur volumique en chlorures totaux (m_{CT}) exprimée en kg/m³, est la somme de la teneur volumique en chlorures libres (m_{CB}) et la teneur volumique en chlorures liés (m_{CF}) [109]. Elle s'écrit aussi (éq. 3.35):

$$m_{CT} = m_{CB} + \varepsilon . C_{CF} \qquad (3.35)$$

avec ε : porosité ouverte (accessible) du matériau
C_{CF} : concentration en chlorures libres dans la solution interstitielle en kg/m³

Les chlorures estimés dangereux pour le béton armé sont les chlorures dissouts dans l'eau des pores du béton: les chlorures libres et la partie soluble du sel de Friedel. Ces chlorures interviennent dans le processus de dépassivation des aciers et donc la corrosion.

La corrosion des armatures passe par deux phases importantes (Fig. III.13):
1- la phase d'incupation : phase où les agents agressifs pénètrent jusqu'aux armatures ;
2- la phase de propagation de la corrosion.

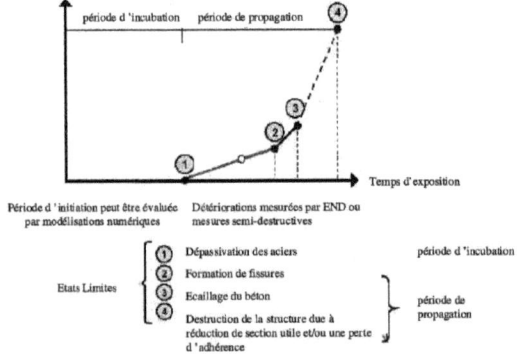

Figure III. 13 : Etapes de la corrosion des armatures [104]

La corrosion de l'acier doux dans les solutions chlorurées est un phénomène électrochimique se traduisant par une oxydation du fer dans un milieu aqueux aéré. La réaction chimique globale peut être représentée par l'équation (éq. 3.36) ci-après, le degré d'hydratation de la rouille n'étant pas défini [110]:

$$4Fe + 3O_2 (+2 H_2O) \longrightarrow 2Fe_2O_3 (H_2O) \qquad (3.36)$$

Electriquement, la corrosion implique la formation d'une pile : à l'anode, on observe l'oxydation du métal (libération d'électrons – pôle négatif) et, à la cathode, on a réduction d'oxygène ou dégagement d'hydrogène (capture d'électrons – pôle positif). La distinction anode-cathode peut être microscopique ou visible à l'œil nu.

Dans le béton, il a été prouvé que la zone de transition granulats-pâte de ciment n'a pas beaucoup d'influence dans le phénomène de diffusion des ions chlorures et que la pâte de ciment et le mortier sont les parties du béton qui laissent passer les ions chlores [111].

Dans le béton armé, les ions chlorures diminuent l'adhérence de la rouille, mettant ainsi le fer nu, ce qui permet la poursuite de la corrosion si les conditions d'aération sont favorables. La corrosion peut être visible à la surface du béton sous forme de couleures ou de "piqûres de rouille" (Fig. III.14).

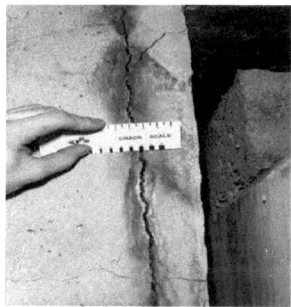

Figure III. 14 : Corrosion des armatures par les chlorures – piqûres et coulée de rouille [112]

III.6.4.2. Risque d'expansion : attaque des sulfates

Les sulfates représentent un risque majeur d'agression chimique pour le béton. Ils peuvent êtres d'origines naturelle, biologique ou provenir de pollutions domestiques et industrielles.

La dégradation des bétons par les sulfates est due principalement à des phénomènes d'expansion en relation avec la cristallisation d'ettringite, dite ettringite "secondaire" (Fig. III.15 - a) qui est différente de l'ettringite "primaire" obtenue lors de la réaction d'hydratation du ciment portland par réaction du gypse [106]. La réaction "primaire" ne provoque pas de dégradation du béton [110].

Les sulfates véhiculés par l'eau, en pénétrant dans le béton, vont réagir chimiquement avec la matrice cimentaire pour former de nouveaux hydrates qui sont expansifs, ce gonflement entraînant des tensions au sein du béton, tensions engendrant de la fissuration. Trois types de composés peuvent se former en fonction, entre autre, de la concentration en sulfates de l'eau, du pH environnant et de la température : l'ettringite secondaire, le gypse et la thaumasite [104] :

L'ettringite secondaire : les ions sulfates véhiculé par l'eau à l'intérieur du béton durci, réagissent avec la portlandite du ciment durci, et forment du sulfate de calcium qui va réagir avec l'aluminate de calcium pour former de l'ettringite secondaire (Fig. III.15-a) ou sel de Candlot (éq. 3.37 et éq. 3.38) [106].

$$Ca(OH)_2 + SO_4^- \longrightarrow CaSO_4 + 2\,OH^- \qquad (3.37)$$

$$3\,CaSO_4 + C_3A.nH_2O + (32-n)\,H_2O \quad \text{ettringite secondaire} \quad C_3A.3CaSO_4.32H_2O \qquad (3.38)$$

(a)   (b)

Figure III. 15 : Expansion du béton dû aux sulfates – formation d'ettringite secondaire (a) et thaumasite (b) [113]

Le gypse :

Le gypse peut résulter de la dissolution de l'ettringite, dans des solutions relativement pauvres en hydroxyde de calcium quand le pH devient inférieur à 12. Les dommages pauvres causés peuvent être de deux types : l'écaillage et le gonflement du béton.

Pour évaluer les conséquences de la seule formation de gypse, des liants sans C_3A sont nécessaires afin d'empêcher la formation d'ettringite. Dans une recherche antérieure [104], il a était remarqué que l'absence de C_3A ou l'ettringite par exemple, n'exclue pas l'occurrence d'une attaque sulfatique. Celle-ci étant du à la formation de gypse.

La thaumasite :

La dégradation du béton liée à la formation de thaumasite provient de la dégradation des C-S-H. La thaumasite (Fig. III.15-b) se forme généralement quand l'attaque sulfatique a lieu à des températures assez basses (entre 0 et 5°C). Elle est le produit de réactions entre les C-S-H, et les ions sulfates SO_4^{2-} et carbonate CO_3^{2-} [9]. En présence de CO_2, elle peut aussi se former à partir d'ettringite carbonaté ($CaCO_3,.CaSO_4.CaSiO_3.15\,H_2O$), ce qui provoque une expansion supplémentaire [106].

La probabilité de voir se produire ce type de dégradation augmente si des granulats ou des fillers calcaires sont utilisés sous des climats froids, car ces matériaux sont essentiellement constitués de carbonate de calcium, et les ions carbonates interviennent dans les réactions de formation de thaumasite.

Le schéma de dégradation donné dans la littérature comprend les étapes suivantes [104] :

- diffusion des ions sulfates SO_4^{2-} et dissolution de $Ca(OH)_2$;
- formation de l'ettringite ;
- formation de gypse et diminution de concentration en $Ca(OH)_2$;
- décalcification des C-S-H ;
- formation de thaumasite.

Les bétons durcis à des températures supérieures à 60°C contiennent des ions sulfates instables, susceptibles de se recombiner ultérieurement avec l'aluminate tricalcique pour former de l'ettringite secondaire [106].

Les sulfates ne sont pas tous de même degré d'agressivité pour le béton. Le sulfate de magnésium est plus agressif que le sulfate de potassium ou de sodium ; effet contre ion. L'agressivité particulière des sulfates de magnésium s'explique par la considération des produits de solubilité respectifs des hydroxydes correspondants [106] (éq. 3. 39 et éq. 3.40) :

$$L_{Ca(OH)2} = [Ca^{2+}][OH^-]^2 = 10^{-5,3} \qquad (3.39)$$

$$L_{Mg(OH)2} = [Mg^{2+}][OH^-]^2 = 2,3 \cdot 10^{-11} \qquad (3.40)$$

La réaction $Ca(OH)_2 + MgSO_4 \longrightarrow CaSO_4 + Mg(OH)_2$ sera donc fortement déplacée vers la droite. Ceci favorise la formation de sulfate de calcium, aux propriétés expansives. Par contre, dans le cas d'une réaction avec les sulfates de potassium ou de sodium, l'équilibre se déplace vers la gauche parce que les hydroxydes correspondants sont solubles.

III.6.4.3. *Cas particulier : actions de l'eau de mer*

L'attaque du béton par l'eau de mer est le résultat de réactions séparées mais plus ou moins simultanées entre les sulfates et chlorures contenus dans l'eau. Plusieurs mécanismes entrent en jeu: dissolution-lixiviation, réactions d'échange et de bases, précipitation de composés insolubles, cristallisation de sels expansifs [106, 110]. Les réactions mises en jeu sont résumées dans la figure III.16.

Aucun des composés hydratés de ciment Portland n'est stable en milieu marin. Les sels de magnésium $MgSO_4$ et $MgCl_2$ sont les plus agressifs. Du gypse secondaire en prisme aplatis et de la burcite $Mg(OH)_2$ en plaquette se forment suite à la réaction du sulfate de magnésium avec $Ca(OH)_2$ et la substitution de Mg^{2+} en Ca^{2+}. $MgSO_4$ déplace aussi le calcium du silicate hydraté (C-S-H) le transformant progressivement en silicate de magnésium et de calcium (C-M-S-H). De plus, l'action de $MgSO_4$ sur les aluminates se manifeste dans la formation d'ettringite presque amorphe ou en une masse fibreuse en forme d'éventail, qui entraîne la fissuration de la pâte de ciment. Coté chlorures, le plus actif des deux (NaCl et $MgCl_2$) est le chlorure de magnésium. Les ions chlore dus à la dissociation de $MgCL_2$ réagissent avec les aluminates pour former le monochloroaluminate ou sel de Friedel [106].

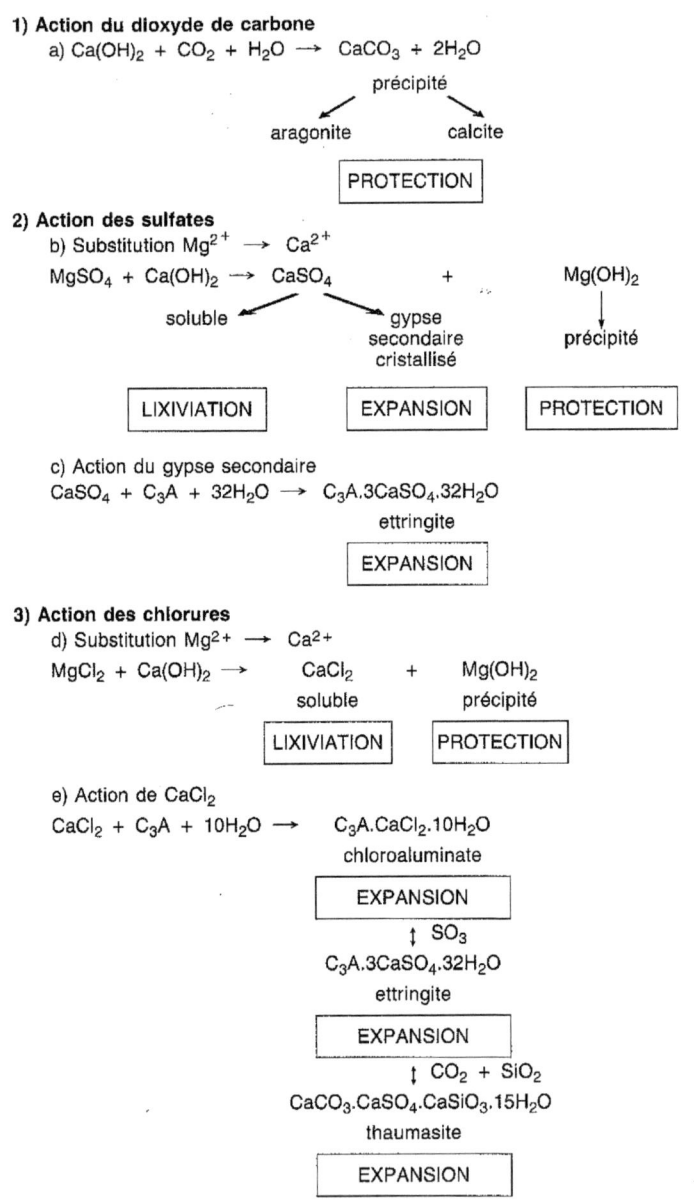

Figure III. 16 : Détérioration du béton par eau de mer [110]

En contact avec l'eau de mer, les dégradations du béton sont variable selon que le béton est totalement immergé, en immersion alternée ou en semi-immersion [106] :
- en immersion totale, l'attaque est essentiellement chimique (chlorures, sulfates et CO_2). Dans le cas de béton de bonne qualité, cette attaque est relativement limitée.
- en immersion alternée ou en semi-immersion, les détériorations sont plus importantes. L'attaque est à la fois physique et chimique. En plus du gonflement, de la fissuration et de l'éclatement d'origines chimiques vient s'ajouter l'action mécanique des vagues, l'alternance, au cours des marées, d'expansion ou de retrait dus à l'absorption et à l'évaporation de l'eau, la cristallisation expansive de certains sels (sulfates) au-dessus de l'eau en semi-immersion, les conditions atmosphériques (gel, vent, ensoleillement) et enfin la corrosion électrochimique des aciers.

III.7. Conclusion

La résistance n'est qu'un critère de premier ordre pour caractériser un béton, elle doit cependant être complétée par d'autres mesures pour étudier sa durabilité. Le béton le plus résistant à la compression est aussi le moins poreux, le moins perméable (aux gaz ou aux liquides), celui aussi où la diffusion des ions est la plus lente. Pour ces raisons, ce sera moyennant le choix adéquat du ciment et une mise en œuvre correcte, le béton le plus durable vis-à-vis des eaux chimiquement agressives et de la corrosion des armatures.

La durabilité du béton est donc fonction de trois importants paramètres : sa structure poreuse, la nature de ses constituants et le mode d'agression du milieu environnemental extérieur.

Chapitre IV

Matériaux et procédures expérimentales

IV.1. Introduction

Le travail expérimental mené a été établi dans le but d'observer et d'évaluer l'effet des granulats recyclés contaminés sur le comportement mécanique et la durabilité du béton recyclé. Ce chapitre décrit en détail tous les essais et les matériaux utilisés au cours de la présente recherche. La procédure de vieillissement du béton naturel pour donner des granulats recyclés contaminés est détaillée, les essais réalisés ainsi que les résultats de caractérisation des granulats sont présentés, l'identification et la composition des bétons sont abordés et enfin les différents essais réalisés sur béton sont expliqués.

IV.2. Matériaux utilisés

IV.2.1. Le ciment

Le ciment utilisé est un ciment Portland industriel de type CEM I 52,5 N fabriqué à Obourg en Belgique. Ce ciment est couramment utilisé en Belgique ; le constituant principal est le clinker portland (K) qui représente plus de 95 % en masse.

La composition chimique du ciment est donnée au tableau IV.1. Les autres caractéristiques, fournies par le fabricant, sont présentées en annexe 3.

Tableau IV. 1 : Composition chimique du ciment

	Résultats %	Spécifications (%) EN 197-1
CaO	61,8	
SiO_2	18,7	
Al_2O_3	5,3	
Fe_2O_3	3,1	
MgO	0,70	
Na_2O	0,40	
K_2O	0,70	
SO_3	3,16	≤4,0
Cl^-	0,04	≤0,1
Perte au feu	1,25	≤5,0
Résidu insoluble	0,30	≤5,0

Ce ciment est habituellement recommandé pour des bétons en milieu non agressif, bétons de classes de résistance moyenne ou élevée et le bétonnage en période hivernale, ce qui justifie son utilisation dans le cadre de cette recherche. De plus, c'est un ciment sans ajouts spécifiques qui risqueraient de réagir avec les granulats recyclés, avec une chaleur en hydratation limitée et une teneur en sulfates réduite. La teneur en C_3A (8,81%) est faible.

Le même ciment a été utilisé pour la fabrication de l'ensemble des bétons (bétons ''sources'' et bétons recyclés) et tous les sacs utilisés proviennent du même lot, de façon à limiter les variations inévitables de compositions au niveau de la fabrication.

Exceptionnellement, un autre ciment blanc est utilisé afin de mettre en évidence les granulats recyclés gris dans une matrice de couleur plus claire.

IV.2.2. Les granulats naturels et recyclés

En ce qui concerne les granulats, il faut faire la distinction entre les granulats naturels et les granulats recyclés.

IV.2.2.1. Identification

Les granulats naturels utilisés proviennent tous de la fragmentation de roches calcaires. Les caractéristiques de la roche mère sont données dans le tableau IV.2.

Tableau IV. 2 : Caractéristiques de la roche mère calcaire

Nature	Calcaire
Géologie	Carbonifère (Viséen)
Teneur en $CaCO_3$ (%)	96,4
Micro Deval sous eau [NF P 18-572]	14
Los Angeles [NF P 18-573]	20
Compression statique [NBN B 11-205]	16,9

A l'aide d'un concasseur à mâchoires pour le concassage primaire et un autre à percussion pour le concassage secondaire (paragraphe I.4.2.3), les granulats recyclés utilisés proviennent du concassage de petites dalles (365x265x100 mm) en béton à base de 100% de gros et fins granulats naturels fabriquées en laboratoire et vieillis (ou contaminées) dans trois solutions agressives différents (paragraphe IV.5 suivant).

Quatre classes de granulats naturels, et trois autres de granulats recyclés, sont utilisées. Le tableau IV.3 résume leur identification. Les gros (GR) et fins (SR) granulats recyclés sont de deux types :
- non pollués : proviennent du concassage des dalles en béton naturel non vieilli ;
- pollués : proviennent du concassage des dalles en béton naturel vieilli.

Tableau IV. 3: Identification des granulats naturels et recyclés utilisés

	Type	Classe (mm)	Code	Nature	Source
Naturels	Granulat	2 – 7	GN 2/7	Calcaire concassé	Carrière : Moha II. Belgique
	Granulat	7 - 14	GN 7/14	Calcaire concassé	Carrière : Moha II. Belgique
	Granulat	14 – 20	GN 14/20	Calcaire concassé	Carrière : Moha II. Belgique
	Sable	0 - 2	SN 0/2	Calcaire concassé	Carrière : Moha II. Belgique
Recyclés	Granulat	4 – 14	GR 4/14	Béton concassé	Fabriqué en laboratoire
	Granulat	14 – 20	GR 14/20	Béton concassé	Fabriqué en laboratoire
	Sable	0 – 6	SR 0/6	Béton concassé	Fabriqué en laboratoire

IV.2.2.2. Granulométrie

L'analyse granulométrique a été effectuée sur les granulats naturels et recyclés à l'état brut et modifié (après malaxage) suivant la norme belge NBN B 11-001 (1978) [114]. Les granulats et sables sont tamisés manuellement et passent à travers une série de mailles décroissantes (avec la série de rapport d'ouverture égale à deux) dont on pèse le refus pour chaque tamis.

IV.2.2.3. Forme des grains et état de surface

La forme des grains et leur état de surface dépendent, en grande partie, de la technologie de concassage ; ces caractéristiques ont une influence considérable sur les propriétés physiques et mécaniques du béton. Ils peuvent être caractérisés par les cœfficients ou paramètres suivants :
- **coefficient de cubicité** : plus il est élevé, plus régulière est la forme des granulats ;
- **coefficient d'aplatissement** : il tient compte du pourcentage des éléments plats (doit être inférieur à 30 % selon la norme française NF P 18-541);
- **angularité** : elle représente l'état des sommets et des arrêtes des grains ;
- **sphéricité** : elle correspond à l'écart entre la forme d'une particule et celle de la sphère équivalente ;
- **rugosité** : les grains sont lisses ou rugueux, l'appréciation est qualitative.

Le but ici est de caractériser la sphéricité (ou cubicité) des gros granulats utilisés (naturels et recyclés). La forme des granulats est caractérisée par un indice de forme (IDF), mesuré par la méthode du pied à coulisse selon la norme anglaise (BS 812 :1)[115] ; quatre catégories (cubique 'équidimensionnelle', plate, allongée, plate et allongée) sont définies en fonction du coefficient d'aplatissement (**p=e/l**) et du coefficient d'élongation (**q=l/L**), avec e = épaisseur (petit axe), l = largeur (axe intermédiaire) et L = longueur (grand axe). La figure IV.1 illustre en gros cette caractérisation.

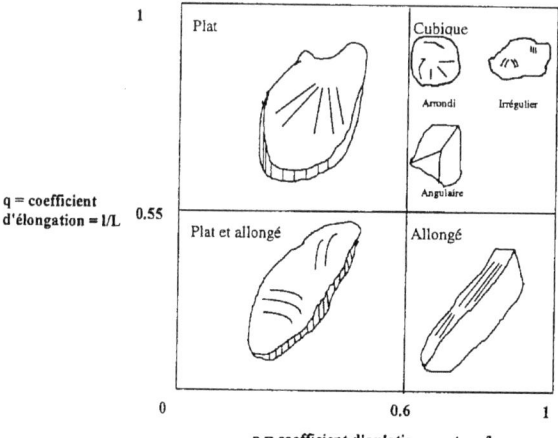

Figure IV. 1: Caractérisation de la forme des granulats en fonction du coefficient d'aplatissement et celui d'élongation.

L'analyse est faite sur trois échantillons de 100 pierres pour chaque calibre; on mesure pour chaque pierre son plus grand épaisseur E, sa plus grande longueur L et sa plus grande largeur l et, pour chaque échantillon, la somme des E sur la somme des l nous donne P et la somme des l sur la somme des L nous donnes q. la mesures de p et q finale pour chaque calibre est, la moyenne de mesures sur les trois échantillons.

IV.2.2.4. Gangue de pâte de mortier d'ancien ciment

Le pourcentage pondéral de ciment collé aux granulats naturels, est la moyenne de mesure sur trois échantillons par la méthode de dosage par gravimétrie (paragraphe I.4.3.3 - troisième méthode). En effet, la deuxième méthode, relative à l'immersion totale des granulats recyclés dans une solution diluée d'acide chlorhydrique (HCl) à 33% (Paragraphe I.4.3.3 - deuxième méthode), n'est pas applicable dans notre cas car les granulats recyclés sont à base de granulats naturels calcaire et ils ont été tous dissoutes par l'acide.

IV.2.2.5. Masse volumique et porosité

Les masses volumiques réelle (γ_r) et apparente (γ_{app}) des différents granulats utilisés sont calculées d'après la norme belge NBN B 11-255 (1976) [116].

IV.2.2.6. Absorption d'eau

Les granulats recyclés se différencient des granulats naturels essentiellement par leur structure poreuse. La porosité ouverte élevée des granulats recyclés entraîne une forte capacité d'absorption d'eau. C'est le paramètre le plus important qui distingue les granulats recyclés des granulats naturels. L'absorption d'eau des granulats est mesurée suivant la norme belge NBN B 11-255 (1976), qui exige pour les granulats entrant dans la composition des bétons, une valeur d'absorption d'eau inférieure à 5% [116].

IV.2.2.7. Propreté

L'analyse de la propreté des sables utilisés permet de déceler la présence d'éléments fins et est caractérisée par une valeur numérique appelée Equivalent de Sable (ES); l'essai est réalisé conformément au mode opératoire défini dans la norme NF P 18-598 (1991) [117].

La teneur en impuretés dans les granulats est évaluée selon la norme française NF P 18-591(1990) [118], qui limite à 3 % le seuil à ne pas dépasser. Trois prélèvements différents ont été réalisés pour chaque type de granulats utilisés.

IV.2.2.8. Résistance mécanique : dureté (Los-Angeles)

La dureté (Los-Angeles) des granulats a été mesurée conformément à la norme Française NF P 18-573 (déc. 1990) [119], qui stipule la valeur spécifique limite de 40% à ne pas dépasser.

IV.2.2.9. Résistance à l'attrition

Dans le but d'observer la résistance à l'attrition des gros granulats recyclés et la production éventuelle de fines, l'analyse granulométrique des granulats modifiés a été effectuée sur des granulats naturels et recyclés à l'état sec et humide (Saturés d'eau Surfaces Sèches), placés dans le même malaxeur que celui utilisé pour le gâchage des différents bétons, pendant 30 secondes puis 2 minutes, afin de simuler différentes opérations comme le malaxage proprement dit et le transport du béton. La valeur de 2 minutes est tirée des différentes procédures de malaxage (paragraphe IV.6 suivant) utilisées pour la réalisation de nos bétons.

IV.2.3. Eau de gâchage

L'eau de gâchage utilisée pour la confection des différents bétons est l'eau potable de distribution exempte d'impuretés avec un pH = 7,9.

IV.3. Equipements

IV.3.1. Malaxeur

Le malaxeur utilisé (Fig. IV.1) est un malaxeur planétaire à axe rotatif vertical de capacité 100 litres.

IV.3.2. Moules

Cinq types de moules sont utilisés pour fabriquer les éprouvettes de bétons:
1. moules cylindriques en plastique (Ø160 et h320 mm) ;
2. moules cylindriques en acier (Ø150 et h300 mm);
3. moules prismatiques en acier (70x70x280 mm^3) ;
4. moules prismatiques en bois (140x100x600 mm^3) ;
5. moules prismatiques en acier (40x40x160 mm^3) pour le mortier.

IV.3.3. Accessoires

Pour le Béton Compacté au Rouleau, un moule cylindrique (1) de dimension Ø = 160 mm et h=320 mm, une rehausse (2) de dimension Ø = 160 mm et h = 222 mm et un poids (3) de 20 kg sont utilisés (Fig. IV.2).

Figure IV. 2 : Malaxeur planétaire à axe vertical   Figure IV. 3: Accessoires pour la fabrication des BCR

IV.4. Confection et cure des éprouvettes

Les moules cylindriques (Ø160 et h320 mm) en matière plastique (PE) sont utilisés pour fabriquer les éprouvettes destinées à la mesure de la résistance en compression (Rc), de la résistance en traction (Rt) et du module d'élasticité. Concernant les trois éprouvettes élaborées pour mesurer la résistance en compression et le module d'élasticité, la première est utilisée afin de déterminer l'ajustement à 0.3 Rc (conformément à la norme NBN B 15-203 [120]) et les deux autres sont alors utilisées pour la mesure de E puis de Rc (pour chaque éprouvette).

Les éprouvettes prismatiques (70x70x280 mm^3) sont utilisées pour mesurer le retrait de séchage et le gonflement du béton. Pour le béton naturel et le béton recyclé de type C25/30, ces éprouvettes sont fabriquées dans des moules prismatiques en acier de mêmes dimensions. Par contre, pour le béton type BCR, les éprouvettes sont obtenues par sciage sur les éprouvettes cylindriques (Ø160 et h320 en mm).

Les éprouvettes cubiques (100x100x100 mm^3) sont utilisées pour la mesure de la porosité, la résistance à la carbonatation et la résistance aux cycles de gel-dégel du béton. Toutes ces éprouvettes cubiques sont obtenues par sciage des poutres en béton (100x140x600 mm^3), sauf pour le béton type BCR, où elles sont obtenues par sciage sur les éprouvettes cylindriques (Ø160 et h320 en mm).

Des disques de dimensions Ø150 mm et h50 mm, sont obtenus à partir des éprouvettes cylindriques (Ø150 et h300 en mm), et sont utilisés pour mesurer la perméabilité à l'oxygène des bétons réalisés.

Des carottes (Ø80 et h100 mm) et des disques (Ø100 et h50 mm) fabriqués à partir des éprouvettes cylindriques (Ø160 et h320 mm), sont utilisés pour mesurer respectivement l'absorption capillaire et la diffusion des ions chlorures dans les bétons.

Les moules prismatiques en bois (140x100x600 mm^3) sont utilisés pour fabriquer des poutres en béton armé destinées à l'essai de corrosion.

Les moules prismatiques (40x40x160 mm^3) en acier sont utilisés pour fabriquer des éprouvette en mortier destinées au contrôle de l'essai de carbonatation du béton.

Avant démoulage, les éprouvettes sont conservées à l'air (à l'intérieur du laboratoire- 20 à 30°C et 50 à 60% H.R) mais couvertes par un film plastique afin d'éviter l'évaporation de l'eau de gâchage.

Après démoulage (24 heures après leur fabrication), toutes les éprouvettes sont conservées dans une chambre humide (20 ± 2°C et 90 ± 5% H.R.) à l'exception des éprouvettes destinées aux essais de retrait de séchage qui sont conservés à l'air libre (15 à 20°C et 60 à 65% H.R) à l'intérieur du laboratoire.

Pour les essais de compression, traction et module d'élasticité, les éprouvettes sont conservées 28 jours en chambre humide avant l'essai. Pour les autres essais, les éprouvettes sont conservées pendant huit mois dans la même chambre humide.

Les différentes éprouvettes utilisées pour la réalisation des essais, sont résumées dans le tableau IV.4.

Tableau IV. 4 : Eprouvettes utilisées pour la réalisation des essais sur les différents bétons

Essai	Eprouvette (mm)	Nombre	Norme ou Recommandation
Résistance à la compression + module d'élasticité	cylindre (Ø160, h320)	3	NBN B 15-203 NBN B 15-203
Résistance à la traction par fendage	cylindre (Ø160, h320)	2	NBN B 15-218
Retrait de séchage	prisme (70x70x280)	3*	NBN B 15-216
Vieillissement (gonflement) 1. eau 2. sulfates ($Na_2 SO_4$ / 5%)	Prisme (70x70x280)	2 2	NBN B 15-216
Perméabilité à l'oxygène	Disque (Ø150, ep50)	2	AFPC-AFREM
Absorption capillaire	Carotte (Ø80, h100)	2	NBN B 15-217
Porosité	Prisme (100x100x100)	3	AFPC-AFREM NBN B 15-215 NBN B 24-213
Carbonatation	Prisme (100x100x100)	3*	NBN EN 13295
Gel-dégel	prisme (100x100x100)	3*	NBN B 05-203
Diffusion des ions chlorures	Disque (Ø10, h5)	2	ASTM C 1202-97
Corrosion	Poutre (140x100x600 mm^3)	1	ASTM C 876-80

* deux éprouvettes pour le BCR

IV.5. Vieillissement du béton naturel et fabrication des granulats recyclés

IV.5.1. Procédure de vieillissement et de contamination du béton naturel

Afin de récupérer des granulats recyclés contaminés, des dalles (365x265x100 mm) en béton de granulats naturels vierges (non pollués) ont été confectionnées et après 28 jours de cure dans une chambre humide (T = 20±2°C et HR = 90±5%), une partie des dalles est directement concassé et criblés pour donner des granulats recyclés vierges (non pollués), destinés à la fabrication des bétons recyclés témoin et l'autre partie des dalles est posée au laboratoire à une température ambiante de 20±2°C et 60±5% d'humidité relative jusqu'à poids constant, puis contaminées (ou polluées) en plaçant les dalles dans trois solutions (milieux agressifs) différentes de **Chlorures (NaCl-5%)**, de **Sulfates ($MgSO_4$ 7H_2O-5%)** et d'**eau de mer**[26] de telle sorte que la solution puisse remonter dans le béton soit par capillarité, soit par diffusion (Fig. IV.4 et Fig. IV.5).

---

[26] Composition de l'eau de mer artificielle, pour un litre: 1000 g d'eau distillée, 30g de Na Cl, 6g de Mg Cl_2 6H_2O, 5g de Mg SO_4 7H_2O, 1,5g de Ca SO_4 2H_2O et 0,2g de KH CO_3.

Figure IV. 4: Dalles en béton à base de 100% de gros et fins granulats naturels

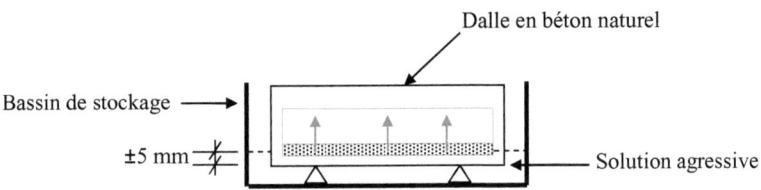

Figure IV. 5 : Contamination des dalles par capillarité

Le mode de vieillissement des bétons par absorption de solution contenant des agents agressifs ressemble à la situation que l'on peut observer sur les ouvrages d'art et les infrastructures routières.

Durant toute la période (un an) de vieillissement, les dalles sont régulièrement retournées (entre face supérieure et face inférieure) une fois par mois dans les bacs afin d'accélérer le phénomène de contamination. Un contrôle du taux de migration des ions chlorures et des ions sulfates est réalisé en parallèle. Après une année de contamination, les dalles polluées ont été concassées et criblées pour donner les granulats recyclés contaminés destinés à la fabrication des bétons recyclés.

IV.5.2. Contrôle de migration des ions chlorures et des ions sulfates dans les dalles de béton vieilli

Pendant la procédure de vieillissement, les dalles de béton placées dans les différentes solutions agressives sont retournées une fois par mois, ce qui signifie que chaque face est exposée pendant 6 mois au processus de remontée de la solution agressive par absorption capillaire.

Afin de déterminer le profil de concentration (en chlorures et/ou en sulfates) sur l'épaisseur de la dalle, la procédure adoptée (Fig. IV.6) consiste à prendre les mesures sur cinq disques (de 1 à 5) d'une carotte (2) prise au milieu de la dalle (1) de béton (vierge et vieilli).

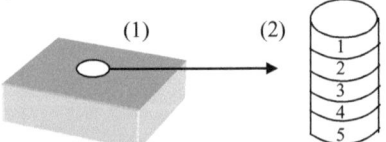

disque 1 (± 2 cm) : exposé a l'air libre
disque 2 et 4 (± 2 cm) : intermédiaires
disque 3 (± 2 cm) : milieu
disque 5 (± 2 cm) : immergé dans la solution agressive

Figure IV. 6 : Identification d'une carotte (2) destinée à l'essai de contrôle de migration des ions chlorures et des ions sulfates prise sur une dalle (1) de béton

La mesure de la teneur en chlorures dans les dalles de béton est déterminée par les méthodes de dosage par titrage potentiomètrique, conformément aux normes belges NBN B 15-257 [121] et NBN B 61-201 [122]. De même, la mesure de la teneur en sulfates dans les dalles de béton est effectuée par méthode de dosage gravimétrique, conformément à la norme belge NBN B 15-256 [123].

IV.5.3. Contrôle de migration des ions chlorures dans les granulats

En plus du mode de vieillissement des bétons par absorption de solution contenant des agents agressifs, un autre moyen utilisé pour contaminer les granulats vierges, consiste à broyer les dalles de béton naturel non vieilli et de stocker les granulats recyclés récupérés directement dans les solutions agressives considérées. Les deux procédures ont été comparées pour le vieillissement aux chlorures.

Le pourcentage de chlorures dans les granulats recyclés vieillis et non vieillis, trempés (j) jours dans la solution NaCl et dans l'eau, a été mesurée ; les granulats utilisés sont identifiés comme suit:
- **GR-NV** : granulats recyclés non vieillis;
- **GR-V** : granulats recyclés vieillis.

IV.6. Identification, composition et procédure de malaxage des bétons

IV.6.1. Identification des mélanges

Deux grandes familles de béton comportant en total 10 mélanges ont été utilisées dans le cadre de ce projet. Un béton C25/30 naturel et recyclé et un Béton Compacté au Rouleau (BCR) naturel et recyclé. Pour permettre la comparaison, un mélange de référence à base de granulats recyclés vierges, a également été réalisé en plus du béton de référence à base de granulats naturels pour chaque famille de béton. L'identifient de chaque mélange est donnée comme suit:

- béton témoin (**BT**) : béton naturel C25/30 à base de 100% de gros et fins granulats naturels;
- BCR témoin (**BCRT**) : béton compacté au rouleau à base de 100% de gros et fins granulats naturels;
- béton vieilli (**BV**) : béton naturel (BT) contaminé (pollué) par exposition à l'une des solutions agressives su-citée et se compose de trois types :
  a. **B-Cl** : béton naturel exposé à la solution **chlorures**;
  b. **B-Su** : béton naturel exposé à la solution **sulfates** ;
  c. **B-Em** : béton naturel exposé à la solution **eau de mer.**
- béton recyclé (**BR**) C25/30 à base de 100% de gros et fins granulats recyclés et se compose de quatre familles :
  a. **BR-NV** : béton recyclé non vieilli à base de granulats recyclés vierges issus du concassage du béton naturel BT;
  b. **BRCR-NV**: béton recyclé compacté au rouleau non vieilli à base de granulats recyclés vierges issus du concassage du béton naturel BT ;

c. **BR-V** : béton recyclé vieilli à base de granulats recyclés contaminés issus du concassage du béton vieilli BV et se compose de trois familles :
   1. **BR-Cl** : béton recyclé à base de granulats recyclés issus du concassage du béton pollué par des chlorures (B-Cl);
   2. **BR-Su** : béton recyclé à base de granulats recyclés issus du concassage du béton pollué par des sulfates (B-Su);
   3. **BR-Em** : béton recyclé à base de granulats recyclés issus du concassage du béton pollué par des chlorures et des sulfates (B-Em).

d. **BRCR-V**: béton recyclé compacté au rouleau vieilli à base de granulats recyclés contaminés issus du concassage du béton vieilli BV et se compose de trois familles :
   1. **BRCR-Cl** : béton recyclé compacté au rouleau à base de granulats recyclés issus du concassage du béton pollué par des chlorures (B-Cl) ;
   2. **BRCR-Su** : béton recyclé compacté au rouleau à base de granulats recyclés issus du concassage du béton pollué par des sulfates (B-Su) ;
   3. **BRCR-Em**: béton recyclé compacté au rouleau à base de granulats recyclés issus du concassage du béton pollué par des chlorures et des sulfates (B-Em).

IV.6.2. Béton de référence (BT)

Pour les besoins de l'étude, nous avons fabriqué un béton naturel (béton témoin) à base de 100% de gros et fins granulats naturels ; il constitue la référence (BT) pour tous les autres bétons (recyclés) fabriqués. Une ouvrabilité plastique (affaissement au cône d'Abrams d'environ 60 à 70 mm) et une résistance en compression de 25 à 35 MPa sont ciblées.

Le béton naturel est basé sur une composition granulaire développée au CRIC[27], pour les calibres donnés au tableau IV.5, déjà utilisée au laboratoire de l'université de Liège dans le cadre de travaux de recherches [124] et de travaux d'étudiants [99, 111].

Tableau IV. 5: Composition du béton naturel

	Proportions volumiques absolues du mélange granulaire inerte	Quantité (kg/m^3)
Ciment	-	300
SN 0/2	0,36	696
GN 2/7	0,11	213
GN 7/14	0,35	676
GN 14/20	0,18	349
E$_{effi.}$	-	190
E/C	-	0,63

La procédure de malaxage du béton naturel est résumée dans le tableau IV. 6. Le temps de malaxage est de 5 minutes.

---

[27] Centre de Recherche de l'Industrie Cimentière – Belgique

Tableau IV. 6: Procédure de malaxage du béton naturel

Temps	t_0-4'	t_0-2'	t_0-1'	t_0	t_0+30''	t_0+2'	t_0+5'	t_0+5'30''
Ajouts	GN+SN+½E		ciment		½E			
Malaxage	malax.	repos	malax.	repos	malax.	repos	malax.	repos

IV.6.3. Utilisation de la méthode de Dreux-Gorisse pour le béton recyclé C25/30

Comme une partie de notre travail est consacrée à l'étude de la durabilité des bétons courants (C25/30) incluant des sables et des graviers recyclés, la méthode de composition retenue est celle de Dreux-Gorisse, d'utilisation courante dans le BPE[28] et qui donne de bons résultats pour des bétons de caractéristiques moyennes [59]. La composition d'un mètre cube de béton recyclé (à base de 100% de gros et fins concassés de béton) est résumée dans le tableau IV.7. Le dosage en ciment a été fixé à 300 kg/m^3 comme dans le béton témoin.

Compte tenu de la dimension maximale des granulats recyclés, du dosage en ciment et de la consistance souhaitée, nous avons retenu un coefficient de compacité γ = 0,825 [59].

Les caractéristiques physiques et mécaniques différentes des granulats recyclés et des granulats naturels entraînent une différence très importante entre les compositions des bétons correspondants [21]. Pour cette raison, nous avons choisi de comparer les bétons recyclés (BR-C25/30) au béton naturel (BT) en gardant la même quantité de ciment (300 kg/m^3) et la même ouvrabilité.

Tableau IV. 7: Composition du béton recyclé (BR-C25/30)

	Proportions volumiques absolues du mélange granulaire inerte	Quantité (kg/m^3)
Ciment	-	300
SR 0/4	0,40	786
GR 4/14	0,43	840
GR 14/20	0,17	329
$E_{effi.}$	-	194
E/C	-	0,65

Un affaissement au cône inférieur à 50 mm peut rendre la mise en place des bétons recyclés difficile [38] : c'est pourquoi un Slump de 55 à 70 mm et une résistance minimale de 25 MPa sur cylindre ont été ciblés.

On aurait pu corriger le module de finesse élevé (3.33) du sable recyclé en ajoutant un sable plus fin, mais nous avons voulu élaborer des bétons ne contenant que des granulats recyclés.

L'eau efficace (E_{eff}) est la quantité d'eau totale (E_{tot}) dans le béton (eau de gâchage et eau apportée par les granulats) moins la quantité d'eau absorbée par les granulats (E_{gr}) ; elle correspond à l'eau libre (eau intergranulaire assurant la plasticité du

---

[28] Béton Prêt à l'Emploi

béton et l'eau nécessaire à l'hydratation du ciment) plus l'eau superficielle ou adsorbée (eau retenu à la surface des grains).

La capacité importante d'absorption d'eau des granulats recyclés se traduit par un rapport E_{tot}/C élevé. Dans ce cas, la quantité d'eau donnée par les calculs est donc plutôt la quantité d'eau efficace et non la quantité d'eau totale.

La quantité d'eau absorbée par les granulats recyclés est déterminée à l'aide de la relation suivante (éq. 4.1):

$$E_{abs/GR} = M_{GR} \cdot \alpha \qquad (4.1)$$

avec $E_{abs/GR}$: masse d'au absorbée par les granulats recyclés (kg),
M_{GR} : masse de granulats recyclés (kg),
α : Coefficient d'absorption d'eau des granulats recyclés.

La quantité d'eau totale (E_{tot}) utilisée pour le gâchage est la suivante (éq. 4.2) :

$$E_{tot} = E_{gr} + E_{aj} \qquad (4.2)$$

$$\text{où} \qquad E_{aj} = E_{abs} + E_{libre} \qquad (4.3)$$

avec E_{tot} : quantité d'eau totale utilisée pour le gâchage,
E_{gr} : quantité d'eau initialement présente dans les granulats,
E_{aj} : quantité d'eau ajoutée pendant le malaxage,
E_{abs} : quantité d'eau absorbée par les granulats pendant le malaxage,
E_{libre} : quantité d'eau nécessaire au malaxage.

Les gros granulats recyclés sont prémouillés 24 heures avant chaque gâchage : Les granulats recyclés vierges sont complètement immergés dans l'eau tandisque, les granulats recyclés pollués sont complètement immergés dans la solution de contamination de départ.

Tous les bétons recyclés (C25/30) sont fabriqués à base de 100% de gros et fins concassés de béton et seront composés de deux familles :
- **BR-NV** : béton recyclé non vieilli,
- **BR-V** : béton recyclé vieilli.

La procédure de malaxage du béton recyclé est résumée dans le tableau IV.8. Elle diffère d'une minute de celle du béton naturel parce que le sable recyclé absorbe beaucoup d'eau ce qui demande plus de temps de malaxage. Le temps total de malaxage est de 6 minutes.

Tableau IV. 8: Procédure de malaxage du béton recyclé

Temps	t_0-5'	t_0-3'	t_0-2'	t_0-1'	t_0	t_0+1'	t_0+2'	t_0+3'	t_0+5'	t_0+6
Ajouts	GR+SR		ciment		½ eau		½ eau			
Malaxage	malax.	repos	malax.	repos	malax.	repos	malax.	repos	malax.	repos

IV.6.4. Optimisation de la composition du Béton Compacté au Rouleau (BCR)

La composition du Béton Compacté au Rouleau (BCR), est basée sur les recommendations définies dans le cahier des charges belge RW99 [125], la théorie de FAURY (pourcentages volumétriques) [126] ainsi que sur les résultats expérimentaux (composition optimale) d'une étude réalisée dans les laboratoires de l'Université de Liège [86] ; trois familles de produits sont concernées: **BCRT, BRCR-NV** et **BRCR-V**.

La teneur en ciment de 250 kg/m^3, constante tout au long du travail, a été choisie en référence au cahier des charges belge RW99 [125] pour réaliser les trois familles de BCR su-cités. Les graviers recyclés sont prémouillés 24 heures avant chaque gâchage.

IV.6.4.1. Compacité optimale du BRCR

Le matériau BCR, avec une apparence très sèche et raide, se distingue des bétons ordinaires par un affaissement nul, ses proportions importantes de granulats et sa faible quantité de pâte de ciment. Il arrive très souvent que la densification du matériau soit incomplète et qu'il y ait formation de vides de dimensions variables et de forme irrégulière [127].

Cependant, dans le but d'avoir un BCR durable et résistant, une optimisation de la compacité maximale du matériau par réduction de la quantité de vides a été entreprise. Au départ d'un squelette granulaire choisi [86] pour un BCR à base de granulats recyclés et la méthode de formulation des bétons (pourcentages volumiques) de Faury [126], nous avons fait varier quelques paramètres dans le but d'optimiser le rapport sable sur graviers (S/G) propre à nos granulats recyclés (100% de gros et fins GR), ainsi que la quantité d'eau nécessaire pour une compacité optimale.

IV.6.4.2. Matériel utilisé et démarche de travail

Deux essais sont le plus souvent réalisés sur le BCR à l'état frais [88] :
- l'essai Proctor Modifié (ASTM D 15557) ;
- l'essai Vebe (ASTM C 1170-91).

Dans ce travail, nous avons opté pour un dispositif expérimental développé au sein du Laboratoire Matériaux de Construction (LMC) de l'Université de Liège. Ce dispositif nous permet de déterminer la compacité maximale du BCR par un **"Essai de Vibration sous Pression"** sur des éprouvettes cylindriques que l'on peut réutiliser pour d'autres essais. Le matériel nécessaire (Fig. IV.7-a) est composé de :
(1) une table vibrante ;
(2) un moule cylindrique (Ø160mm et h320mm) ;
(3) une rehausse (Ø160mm et h222mm);
(4) un poids de 20 kg.

La compacité est évaluée sur des échantillons d'environ 7.5 kg chacun; durant la vibration (150 Hz), un poids de 20 kg induit une pression de 10 kPa sur le matériau déposé dans un moule cylindrique fixé à la table vibrante. Le volume de béton réellement mis en place est mesuré et la compacité est déduite de la relation V_{solide}/V_{total}. Le principe est illustré en Figure IV.7-b.

 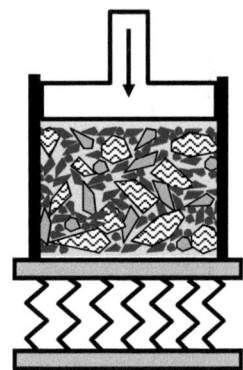

(a) Equipement utilisé (b) Principe de l'essai
Figure IV. 7: Essai de Vibration sous Pression (EVP)

Les étapes de l'Essai de Vibration sous Pression sont les suivantes:
1- Placer le moule sur la table vibrante ;
2- Placer une quantité connue (moitié de 7,5 kg) de béton frais dans le moule cylindrique ;
3- Placer un poids dans le moule, sur le béton frais ;
4- Mettre la table vibrante en marche pendant une durée de 1 minute ;
5- Mesurer la hauteur entre la face supérieure du poids (resté dans le moule) et le dessus de la rehausse.

Sur le moule cylindrique, le compactage est effectué en deux couches pour ne pas avoir une épaisseur trop importante à compacter. En effet, il est stipulé dans le cahier des charges RW99 [125], que l'épaisseur des couches est de l'ordre de 200mm. Nous devons donc recommencer deux fois par gâchée les étapes 2 à 5.

Connaissant la masse de béton ajoutée dans le moule, le volume du béton mis en place dans ce moule, les dimensions du moule ainsi que les proportions des différents constituants du béton, il est aisé d'obtenir la compacité par la relation $\frac{V_{solide}}{V_{total}}$.

IV.6.4.3. Optimisation du rapport S/G

Différentes gâchées sont fabriquées pour optimiser le rapport S/G.

À l'aide de la compacité solide efficace $\phi_{S.eff}$., les proportions volumiques de la composition de départ [86] pour le BCR à base de granulats recyclés et les pourcentages volumiques de Faury (Tableau IV.9), notre composition des constituants du squelette granulaire est déterminée par la relation (éq. 4.4):

$$Y_x = (\text{proportion volumique})_x \cdot \rho_x \cdot \phi_{S.\,eff.} \qquad (4.4)$$

avec Y_x : quantité du constituant x (kg/m³) ;
(proportion volumique)$_x$: proportion volumique du constituant x ;
ρ_x : masse volumique absolue du constituant x (kg/m³).

Tableau IV. 9: Compositions optimales du BCR à base de granulats naturels (GN) et recyclés (GR) de départ [86] et les pourcentages volumiques de Faury [126].

Composition granulaire de départ (kg/m³)			Selon Faury	
Constituants	BCR (GR)	BCR (GN)	Constituants	Proportions volumiques
Ciment	250	250	Ciment	0,1
SN (0/2)	735	735	Sable	0,5
GR (2/20) JMV	1190	/	Gravier	0,6
GN (7/14)	/	810		
GN (14/20)	/	420		
E/C$_{eff.}$	0,38	0,38		
E$_{eff.}$(litres)	95,5	95,5		
S/G	0,6	0,6		
$\phi_{S.\,eff.}$	0,811	0,820		

Sur base de la méthode des moindres carrés, nous recherchons la courbe granulométrique qui s'approche le plus possible de la composition de référence [86]. La formule suivante est utilisée (éq. 4.5) :

$$y_{i,\,réf} = x \cdot y_{i,g1} + (1 - x)\, y_{i,g2} \qquad (4.5)$$

avec x   pourcentage de granulats recyclés g$_1$ (10/14)
         y   pourcentage de granulats recyclés g$_2$ (14/20)
         y$_i$ refus partiel classe granulaire i
         y$_{i,réf}$ refus partiel classe granulaire i de référence
         y$_{i,rec}$ refus partiel classe granulaire i reconstitué

En fait, il s'agit de déterminer x qui minimise la somme (éq. 4.6):
$$\Sigma\, (y_{i,\,rec} - y_{i,\,réf})^2 \qquad (4.6)$$

Cependant, avec un S/G de départ égal à 0,6 (S = 0,33 et G = 0,56) et pour un x = 0,32 qui minimise au mieux l'équation (4.6), nous obtenons la courbe optimale représentée sur la figure IV.8.

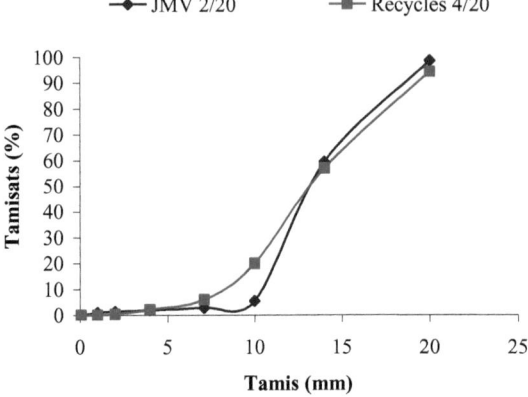

Figure IV. 8 : Courbe granulométriques - Détermination des proportions 4/14 et 14/20 des granulats recyclés

Sur cette base, le résultat de composition granulaire de départ pour le BRCR est récapitulé dans le tableau IV.10. Cependant, afin d'obtenir la meilleure compacité possible du BRCR, l'effet de la variation du rapport S/G autour de 0,6 est étudié, donnant naissance à six autres différentes compositions. En utilisant la même teneur en eau (Tableau IV.11) pour toutes les compositions obtenues, les résultats de compacité des bétons réalisés sont résumés dans la figure IV.9 et le tableau IV.10.

Tableau IV. 10: Composition granulaire de départ pour le BRCR.

Constituants	Quantité (kg/m³)
Ciment	250
SR (0/4)	720
GR (4/14)	829
GR (14/20)	387
E/C$_{eff.}$	0,3
E$_{eff.}$	95,5
S/G	0,6
$\phi_{S.eff.}$	0,811

Notons que pour la mise au point de ces compositions, nous avons pris une compacité solide correspondant à la compacité solide efficace du squelette granulaire de départ de 0,811.

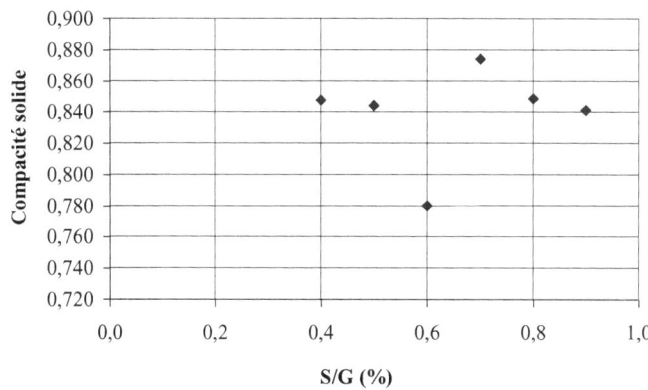

Figure IV. 9: Compacité solide optimale du BRCR en fonction du pourcentage volumique du squelette granulaire

Tableau IV. 11: Rapport S/G optimal pour la composition optimale du BRCR

	S/G	Proportions volumiques (%)		Proportions volumiques (L)			ϕ solide
		S	G	S	G (4/14)	G (14/20)	
BRCR-NV1	0,6	34	56	720	829	387	0,780
BRCR-NV2	0,5	30	60	654	888	415	0,844
BRCR-NV3	0,4	26	64	567	947	442	0,848
BRCR-NV4	**0,7**	**37**	**53**	**867**	**784**	**366**	**0,874**
BRCR-NV5	0,8	40	50	873	740	345	0,849
BRCR-NV6	0,9	42	48	916	696	325	0,841

ϕ solide: compacité solide

Sur base des mesures d'optimisation (Fig. IV.9 et Tableau IV.11), c'est le rapport S/G de 0,7 qui conduit à une compacité solide optimale ; par la suite, le squelette granulaire de la composition BRCR-NV4 est utilisé pour optimiser la quantité d'eau.

IV.6.4.4. Optimisation de la quantité d'eau optimale pour le rapport S/G optimal

Cette étape consiste à déterminer une teneur en eau optimale pour le squelette granulaire optimal obtenu à l'étape précédente. La démarche vise à faire varier la teneur en eau totale en gardant le même squelette granulaire de la composition BRCR-NV4. C'est la mesure de résistance en compression sur bétons qui est optimisée. Les résultats sont récapitulés à la figure IV.10 et le tableau IV.12.

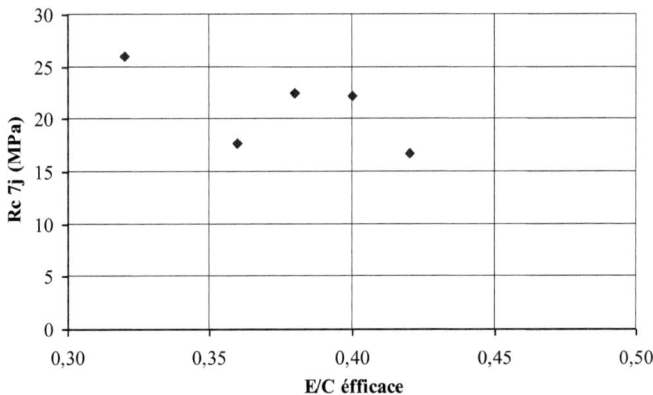

Figure IV. 10: Résistance à la compression à 7 jours en fonction de E/C eff.

Tableau IV. 12: Optimisation de la quantité d'eau pour le rapport S/G optimal

	E/C$_{effi.}$	E$_{effi.}$	E$_{tot.}$	E$_{abs.}$ (G+S)	Rc $_{7j}$ (MPa)
BRCR-NV7	0,38	95,5	224	128,6	22,5
BRCR-NV8	0,36	90	219	128,6	17,75
BRCR-NV9	**0,32**	**80**	**209**	**128,6**	**26**
BRCR-NV10	0,4	100	229	128,6	22,25
BRCR-NV11	0,42	105	233	128,6	16,75

Nous constatons que la résistance à la compression optimale est obtenue pour le béton BRCR-NV9 pour un E/C$_{eff.}$ = 0,32. Par conséquent, la composition optimale sélectionnée pour le BCR à base de 100% de gros et fins granulats recyclés est la suivante (Tableau IV.13):

Tableau IV. 13: Composition optimale du Béton Compacté Rouleau à base de 100% de gros et fins granulats recyclés (BRCR)

	Proportions volumiques du mélange granulaire inerte	Quantité (kg/m^3)
Ciment	-	250
SR 0/4	0,40	867
GR 4/14	0,43	784
GR 14/20	0,17	366
E$_{effi.}$	-	80
E/C$_{eff.}$	-	0,32

La méthode de malaxage est celle décrite par Delhez [88] et s'inspire de la Norme Européenne EN 480-1 [128]. Dans cette méthode, le ciment est ajouté après avoir procédé à une homogénéisation des granulats et du sable, ce qui permet une meilleure répartition du ciment dans le squelette granulaire. Dans le malaxeur, les gros granulats sont introduits à l'état humide (SSS) et le sable est sec.

Cette méthode de malaxage, inspirée de la norme européenne, se rapproche le plus de la méthode utilisée dans les centrales à béton mobiles qui produisent le BCR en amenant tous les constituants solides en même temps, à l'aide d'un tapis roulant convoyeur, dans un malaxeur, pour y ajouter ensuite l'eau de gâchage.

La procédure de malaxage du mélange BCR, est résumée dans le tableau IV. 14. La durée totale de malaxage est de 6 minutes.

Tableau IV. 14: Procédure de malaxage du BCR

Temps	t_0-4'	t_0-2'	t_0-1'	t_0+1'	t_0+3'
Ajouts	GR+SR		ciment	eau	
Malaxage	malax.	repos	malax.	malax.	repos

IV.7. Modalité des essais sur bétons

IV.7.1. Ouvrabilité

L'ouvrabilité est mesurée par le Slump-Test conformément à la norme NBN B 15-232 (1982) [129]. Tous les bétons ont été fabriqués à ouvrabilité constante pour faciliter la comparaison.

La teneur en air est mesurée sur le béton naturel ainsi que sur le béton recyclé, à l'aide d'un aéromètre de 8 litres. Le béton est mis en place dans l'aéromètre par piquage en 3 couches, selon la norme belge NBN B 15-208 [130].

La masse volumique apparente du béton frais est déterminée à partir de la pesée des éprouvettes cylindriques (Ø160 mm et h320 mm).

IV.7.2. Essai de compression

L'essai s'effectue conformément à la norme NBN B 15-220 [131], sur presse hydraulique à pilotage manuel type Mohr & Federhaff, d'une capacité de 5000 kN et avec mise en charge électromécanique à vitesse variable. La résistance en compression est déduite par la moyenne d'écrasement de trois éprouvettes cylindriques (Ø 160 mm et h 320 mm) âgées de 28 jours pour chaque béton.

IV.7.3. Essai de traction par fendage

L'essai s'effectue sur la machine de compression. La résistance à la traction est déduite par la moyenne d'écrasement par fendage de deux éprouvettes cylindriques (Ø160, h320 en mm) âgées de 28 jours pour chaque béton, conformément à la norme NBN B 15-218 [132].

IV.7.4. Essai de module d'élasticité

Le module d'élasticité statique du béton est obtenu moyennant un extensomètre mécanique à béton composé d'un étrier avec comparateur électronique au $1/1000^e$ (Fig. IV.12), par mesure des déformations unitaires longitudinales sur des éprouvettes cylindriques (Ø 160 mm, h 320 mm) âgées de 28 jours, conformément à la norme NBN B 15-203 [120].

Figure IV. 11 : Extensomètre à béton utilisé

L'essai consiste à équiper l'éprouvette de deux couronnes en métal léger, fixées chacune par l'intermédiaire de trois vis pointeaux distantes de 100 mm. Un comparateur électronique est fixé sur l'une des couronnes. On mesure le déplacement de ces couronnes l'une par rapport à l'autre, ce qui correspond aux déformations longitudinales de l'éprouvette. La procédure de calcul est développée dans l'annexe 4.

L'avantage de cet appareil est que la déformation longitudinale moyenne est mesurée entre deux plans et non sur des génératrices indépendantes, comme le cas avec des jauges électriques par exemple.

Il est généralement conseillé de calculer le module d'élasticité de 15 à 50% de la contrainte de rupture [59] ; dans notre cas, il a été calculé à 30%.

IV.7.5. Essai de retrait

Les mesures de retrait du béton ont été effectuées sur des éprouvettes prismatiques (70x70x280 mm^3) conformément à la norme NBN B 15-216 [133]. Ces éprouvettes au nombre de trois par composition sont, après démoulage à 24 heures, pesées et mesurées directement au moyen d'un rétractomètre muni d'un comparateur puis conservées dans le laboratoire à l'air libre (15 à 20°C et 60 à 65% H.R). Selon un calendrier à long terme, pour chaque mesure prévue, les éprouvettes sont pesées puis mesurées avec le même rétractomètre.

IV.7.6. Essai de vieillissement (gonflement)

De la même façon que pour le retrait, les mesures de gonflement et de variation de masse sont effectuées conformément à la norme NBN B 15-216 [133] sur des éprouvettes prismatiques (70x70x280 mm). Les éprouvettes, au nombre de trois par composition, sont après démoulage à 24 heures, placées directement dans un bac de solution de sulfate de sodium (Na_2SO_4 - 5%). Selon un calendrier à long terme, pour chaque mesure prévue, les éprouvettes sont tirées du bassin de stockage, séchées superficiellement à l'aide d'un chiffon absorbant humide, pesées puis mesurées à l'aide d'un rétractomètre muni d'un comparateur.

IV.7.7. Essai de perméabilité à l'oxygène

La perméabilité est l'un des moyens les plus utilisés pour l'évaluation de la structure poreuse d'un béton. Pour chaque composition et après un séchage préalable, la perméabilité (apparente et intrinsèque) aux gaz des bétons durcis est déterminée sur base de la moyenne de mesure sur deux disques (Ø150 et ep50 mm).

L'essai est réalisé conformément au mode opératoire recommandé par l'AFPC-AFREM [134] sur un perméamètre (Fig. IV.12) à charge constante type CEMBUREAU.

Le schéma de cellule du perméamètre ainsi que le principe de fonctionnement du perméamètre sont développés dans l'annexe 4. La valeur de perméabilité est calculée à l'aide de la formule de Poiseuille (paragraphe III.1.3).

À la fin de la cure, deux pesées initiales (hydrostatique (M_{eau}) et dans l'air (M_{air})) effectuées sur l'éprouvette d'essai nous fournissent le volume apparent et le volume initial. Ensuite, la périphérie du disque est recouverte de peinture époxy (Fig. IV.13) afin d'éviter des gradients d'humidité dans la direction radiale pendant toutes les procédures de séchage.

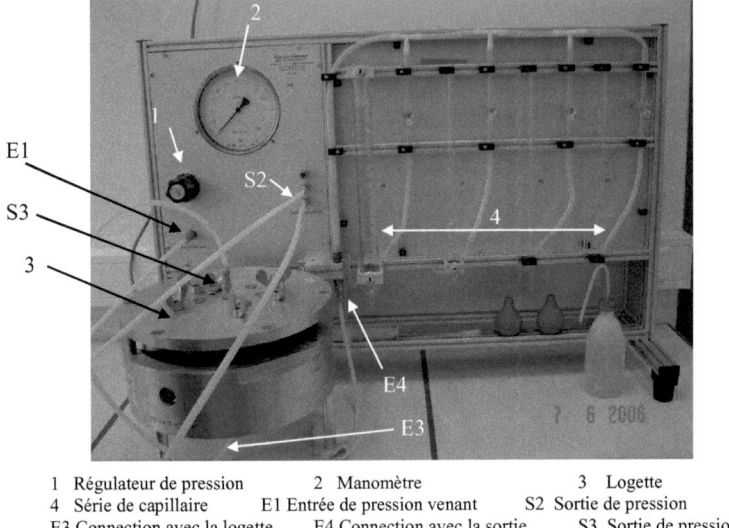

1 Régulateur de pression	2 Manomètre	3 Logette
4 Série de capillaire	E1 Entrée de pression venant	S2 Sortie de pression
E3 Connection avec la logette	E4 Connection avec la sortie de capillaires	S3 Sortie de pression de la logette

Figure IV. 12: Dispositif de l'appareil type « CEMBUREAU »

Figure IV. 13: Disque de béton (BT) destiné à l'essai de perméabilité à l'oxygène

Après enrobage, l'éprouvette est pesée dans l'air à nouveau (M_{enr}), puis séchée pendant 28 jours dans une étuve ventilée à 80 ± 5 °C, puis séchée de nouveau dans une autre étuve ventilée à 105 ± 5 °C jusqu'à stabilisation de la masse (la différence entre deux pesées espacées de 24 heures ne dépasse pas 0,05%). À la fin de séchage à 105 °C, l'éprouvette est pesée dans l'air (Msec) et mise dans un dessiccateur à 20 °C jusqu'au moment de l'essai.

L'essai consiste à soumettre l'éprouvette en béton à un gradient de pression constant de gaz (oxygène). La perméabilité (en m^2) est alors déterminée à partir de la mesure du flux (débit massique) de gaz traversant le corps d'éprouvette en régime permanent, en appliquant la loi de Darcy (paragraphe III.1.3). Le résultat direct de la mesure est une perméabilité apparente, car elle dépend de la nature du fluide et de la pression appliquée.

Sur base de la théorie de Klinkenberg (paragraphe III.1.3), la perméabilité intrinsèque du béton, qui est une perméabilité indépendante de la pression du gaz (réalisable avec l'appareil CEMBUREAU), est déterminée en appliquant des pressions relatives comprises entre 0,1 et 0,5 MPa.

IV.7.8. Essai d'absorption capillaire

L'objectif essentiel de ce travail étant l'étude de la durabilité des bétons recyclés, cet essai a été choisi car il permet d'obtenir, en complément de l'essai de perméabilité, des mesures quantitatives sur la structure poreuse d'un béton. L'essai est réalisé conformément à la norme belge NBN B 15-217 [135] et la norme belge NBN EN 13057 [136] sur des carottes de 80 mm de diamètre[29] et 100 mm d'épaisseur. Le résultat est la moyenne de la mesure sur deux éprouvettes testées pour chaque composition.

À la fin de la cure, les éprouvettes sont séchées dans une étuve ventilée à 40 ± 5 °C pendant 14 jours au moins et jusqu'à poids constant.

Après séchage, la périphérie (face latérale) de l'éprouvette est surfacée de peinture époxy et, après séchage, l'éprouvette de béton est posée sur sa base (surface sciée) sur des cales d'au moins 1 cm d'épaisseur, dans un bac où le niveau d'eau est maintenu constant (environ 4 à 6 mm au dessus de la base de l'éprouvette) pendant toute la durée d'essai (environ 120 heures). Les éprouvettes sont soumises à une absorption d'eau unidirectionnelle (Fig. IV.14). A intervalle de temps précisé par la procédure utilisée, on relève le poids de chaque éprouvette après l'avoir essuyée au moyen d'un chiffon humide. L'absorption capillaire est exprimée en kg/m^2 par le rapport de l'augmentation de masse (m $_{initiale}$ – m $_{finale}$) à la section (m^2) de la face inférieure de l'éprouvette, en contact avec l'eau.

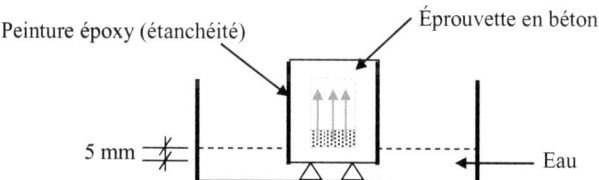

Figure IV. 14 : Absorption d'eau par succion capillaire

De la courbe absorption d'eau – racine carrée du temps, deux paramètres sont dégagés (paragraphe III.1.4) :
- la pente entre 0 et 1 heures appelée 'absorption initiale', permet de caractériser les gros capillaires ;
- la pente de la droite prise entre 1 heure et 24 heures appelées 'absorptivité', permet de caractériser les capillaires les plus fins.

---

[29] Diamètre choisi en fonction des disponibilités du laboratoire et qui n'est pas loin du diamètre de 100 mm préconisé par la norme NBN EN 13057.

IV.7.9. Essai de porosité

À la fin de la cure, les éprouvettes sont séchées dans une étuve ventilée à 40 ± 5 °C jusqu'à poids constant ; elles sont ensuite plongées dans l'eau, jusqu'à poids constant.

L'éprouvette est passée ensuite à imbibition sous vide et, après saturation, une pesée sous eau (Meau) et une autre dans l'air (Mair) sont réalisées. Ensuite, l'éprouvette est séchée dans une étuve ventilée à 105 ± 5 °C jusqu'à poids constant et à nouveau, une mesure de masse (Msec) est réalisée. La porosité volumique (accessible à l'eau) est déterminée par la relation suivante (éq. 4.7):

$$\varepsilon\ (\%) = \frac{Mair - Msec}{Mair - Meau} \times 100 \qquad (4.7)$$

L'essai est réalisé sur des éprouvettes prismatiques (100x100x100 mm^3), conformément aux recommandations de :
- l'AFPC-AFREM – Détermination de la masse volumique apparente et de la porosité accessible à l'eau [137] ;
- la norme belge NBN B 15-215 [138] ;
- la norme belge NBN B 24-213 [139].

Le résultat est la moyenne de la mesure sur trois éprouvettes, pour chaque composition.

IV.7.10. Essai de carbonatation

La carbonatation est une mesure importante pour l'évaluation de la durabilité d'un béton armé, dans la mesure où elle influence l'épaisseur de la zone de passivation des armatures en aciers et, par conséquent, leur résistance à la corrosion. L'essai de carbonatation accélérée consiste à déterminer au moyen d'une solution alcoolique (phénophtaléine à 1% dans 70% d'alcool éthylique) et par visualisation d'une différence de coloration entre des zones intactes et des zones carbonatées de pH plus faible (Fig. IV.15), la profondeur de la couche carbonatée à la surface d'un béton durci soumis à une atmosphère enrichie en dioxyde de carbone. Le test à la phénophtaléine révèle le niveau du front de CO_2 (incolore) et la partie non attaquée (colorée en violet-rose).

Figure IV. 15 : Visualisation de la profondeur de carbonatation d'une tranche de béton (BT) carbonatée

L'essai est réalisé sur des éprouvettes prismatiques (100x100x100 mm^3), conformément à la norme belge NBN EN 13295 [140]. Le résultat est la moyenne de la mesure sur trois éprouvettes testées pour chaque composition.

Les éprouvettes d'essais au nombre de trois par composition, sont obtenues par sciage sur une poutre en béton d'environ 140x100x600 mm^3.

La peau du béton (environ 20 mm) des faces longitudinales supérieures et inférieures de la poutre, par rapport au bétonnage, est éliminée. Les deux faces longitudinales verticales, par rapport à la mise en place du béton, sont conservées brutes de démoulage. Les quatre autres faces, constituent alors, les surfaces d'exposition du béton à la diffusion du dioxyde de carbone (CO_2 - 1%).

Avant l'essai de carbonatation proprement dit, à la fin de la cure, les éprouvettes en béton sont stockées au laboratoire et conditionnées à 21 ± 2 °C et 60 ± 10% HR, jusqu'à poids constant. Les éprouvettes sont ensuite entreposées dans une chambre de carbonatation à l'intérieur de laquelle la teneur en CO_2 est régulée précisément à 1%, la température à 21 ± 2°C et l'humidité relative à 60 ± 10%.

A échéance donnée (1, 2, 3 ou 6 mois), les éprouvettes d'essais sont sorties du caisson et sciées perpendiculairement ; une tranche de béton d'au moins 20 mm d'épaisseur est prélevée sur chaque éprouvette. Les arrêtes des sections principales de la tranche correspondent aux faces exposées à la diffusion du CO_2.

La profondeur de carbonatation est mesurée sur la face (sciée) extérieure de la tranche exposée au CO_2 à partir des arrêtes. Ce mode est conservé pour toutes les éprouvettes et pour chaque mesure. La valeur moyenne de la profondeur du front est donnée pour les quatre surfaces d'exposition dont deux correspondent à une face moulée et les deux autres à une face sciée.

IV.7.11. Essai de diffusion (migration) accéléré des ions chlorures sous champ électrique

Pour les ouvrages en béton armé situés dans une ambiance saline (bord de la mer) et pour ceux qui sont souvent en présence de sels de déverglaçage (ponts routiers), la présence d'ions chlorure, en solution dans la structure poreuse du béton, risque d'entraîner la corrosion rapide des armatures. C'est pour cette raison que des mesures sont faites pour définir la résistance des bétons à la pénétration des chlorures.

L'essai est réalisé sur disques en béton (Ø100 et h50 mm), conformément à la norme américaine ASTM C 1202-97 [141]. Le résultat est la moyenne de mesure sur trois éprouvettes testées pour chaque composition.

À la fin de la cure, l'éprouvette en béton durci est séchée à 40 °C jusqu'à poids constant ; elle est ensuite soumise à une saturation sous vide pendant 24 heures dans le dispositif de l'essai d'absorption d'eau par capillarité. La périphérie de l'éprouvette est ensuite recouverte de peinture époxy afin d'orienter la migration des ions chlorures dans une seule direction (de face en face) et remise dans l'eau jusqu'au moment de l'essai. Au début de l'essai, l'éprouvette saturée est mise dans une cellule (Fig. IV.16) contenant deux réservoirs à liquides qui renferment des électrodes; un réservoir de la cellule est rempli de solution NaCl (3%) et l'autre de solution NaOH (0,3%).

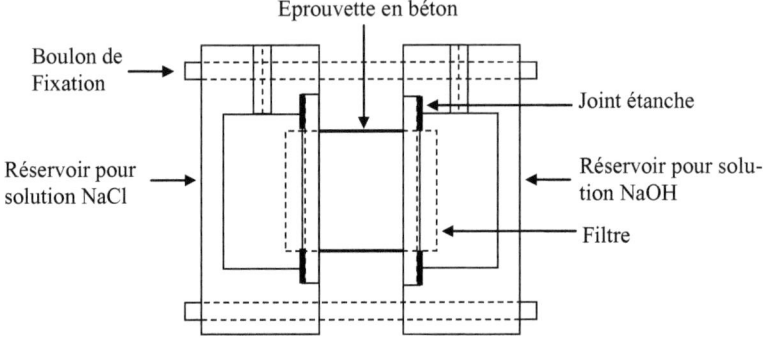

Figure IV. 16 : Cellule pour essai de diffusion des chlorures [141]

Au dessus de la cellule, la borne négative est reliée d'un côté au réservoir contenant la solution NaCl et de l'autre côté à un générateur électrique. Le borne positive est reliée d'un côté au réservoir contenant la solution NaOH et de l'autre coté à un multimètre (Fig. IV.17). Par analogie à l'électricité, le diagramme block électrique utilisé est développé dans l'annexe 4.

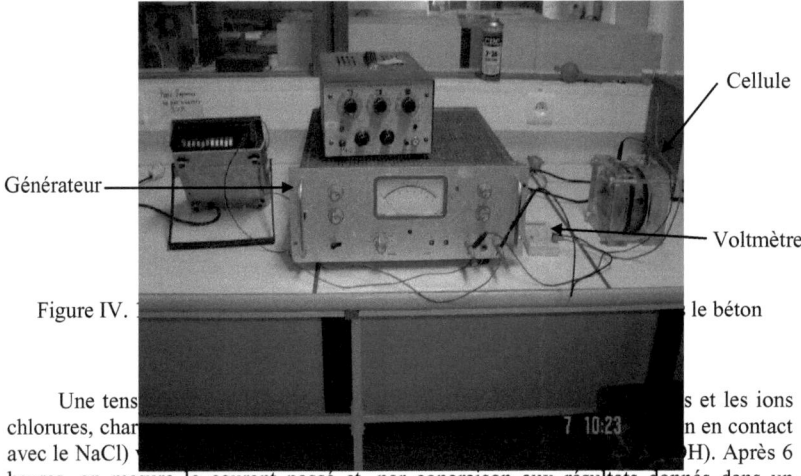

Figure IV. ... le béton

Une tens... s et les ions chlorures, char... n en contact avec le NaCl) ... H). Après 6 heures, on mesure le courant passé et, par coparaison aux résultats donnés dans un tableau (Tableau IV.15) provenant de la norme utilisée, on identifie la classe du béton testé vis-à-vis la pénétration d'ions chlorures. Plus le béton est perméable, plus les ions chlorures migrent, et plus le courant augmente [141]. La solution du compartiment contenant du NaOH sert à mesurer la quantité de chlorures passée à travers l'épaisseur de 50 mm du béton testé.

Tableau IV. 15 : Pénétration des ions chlorures basée sur la charge passée [141].

Charge passée (coulombs)	Pénétration des ions chlorures
> 4000	Haut
2000 – 4000	Modéré
1000 – 2000	Bas
100 – 1000	Très bas
< 100	Négligeable

IV.7.12. Essai de gel dégel

Conformément, aux normes belges NBN B 05-203 [142] et NBN B 15-231 [143], la résistance au gel est mesurée sur base de 14 cycles de gel-dégel (de -15 à +15 °C) sur des éprouvettes cubiques (100x100x100) mm^3.

Avant le début de l'essai, les éprouvettes tirées de la chambre humide sont directement mise dans un bac d'eau et pesées à l'état "Saturée Surface Sèche" jusqu'à poids constant. Au moment de l'essai, les éprouvettes saturées sont soumises à 14 cycles de gel-dégel (développé en Annexe 4) de 24 heures chacun, dans une enceinte frigorifique commandée par ordinateur. L'évaluation de l'état des éprouvettes après 14 cycles de gel-dégel est réalisée sur base d'un examen visuel de la perte de masse des éprouvettes à l'état dégelé.

IV.7.13. Essai de corrosion

L'essai est réalisé selon la norme américaine ASTM C 876-80 [144] sur des poutres en béton armé (140x100x600 mm^3), par une technique électrochimique appelée « relevé de potentiel par demi-pile » (Fig. IV.18). Cette technique est la principale méthode électrochimique appliquée couramment sur site pour l'inspection des structures en béton armé [145].

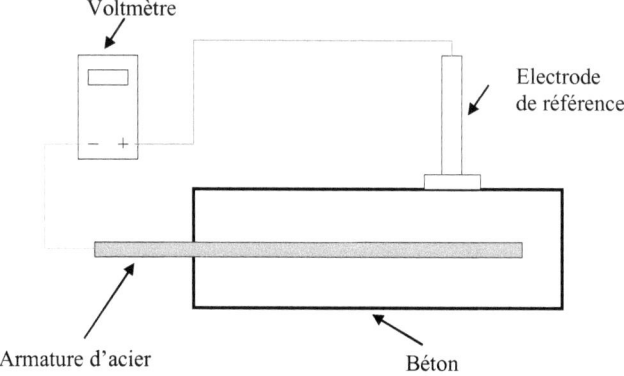

Figure IV. 18 : Mesure du potentiel de corrosion par demi-pile

L'essai consiste à prendre différentes mesures de potentiels entre une demi-pile portative ordinaire, constituée d'une électrode de référence cuivre-sulfate de cuivre (Cu/CuSO$_4$) placée sur une l'une des surfaces (de préférence moulée) longitudinales de la poutre en béton armé, et l'armature d'acier située en dessous. Pour chaque béton, on a réalisé sept mesures selon le schéma de la figure IV.19.

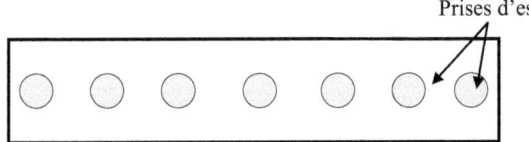

Figure IV. 19 : Prises d'essai sur la poutre en béton armé
(Vue de haut)

La norme ASTM C 876-80 définit la sensibilité au phénomène de corrosion sur base des valeurs de tensions électriques définies au tableau IV.16.

Tableau IV. 16 : Probabilité de corrosion d'après les relevés de potentiel par demi-pile [144]

Relevé de potentiel par demi-pile Cu/CuSO$_4$	Activité de corrosion
Valeur négative inférieure à -0,2 V	90 % de probabilité d'absence de corrosion
Valeur située entre -0,2 V et -0,35 V	Plus grande probabilité de corrosion
Valeur négative supérieur à -0,35 V	90% de probabilité de corrosion

Pour chaque béton testé, on a utilisé une poutre en béton armé mûrie huit mois dans une chambre humide à 20 ± 2°C et 90 ± 5% H.R avant d'être soumise à l'essai de corrosion. La partie d'armature, sortante du béton (revêtue de résine d'époxy) est décapée au moment de l'essai pour branchement du fil négatif.

IV.8. Variables étudiées

Les variables étudiés dans la partie expérimentale, sont récapitulés dans l'organigramme suivant (Fig. IV.20):

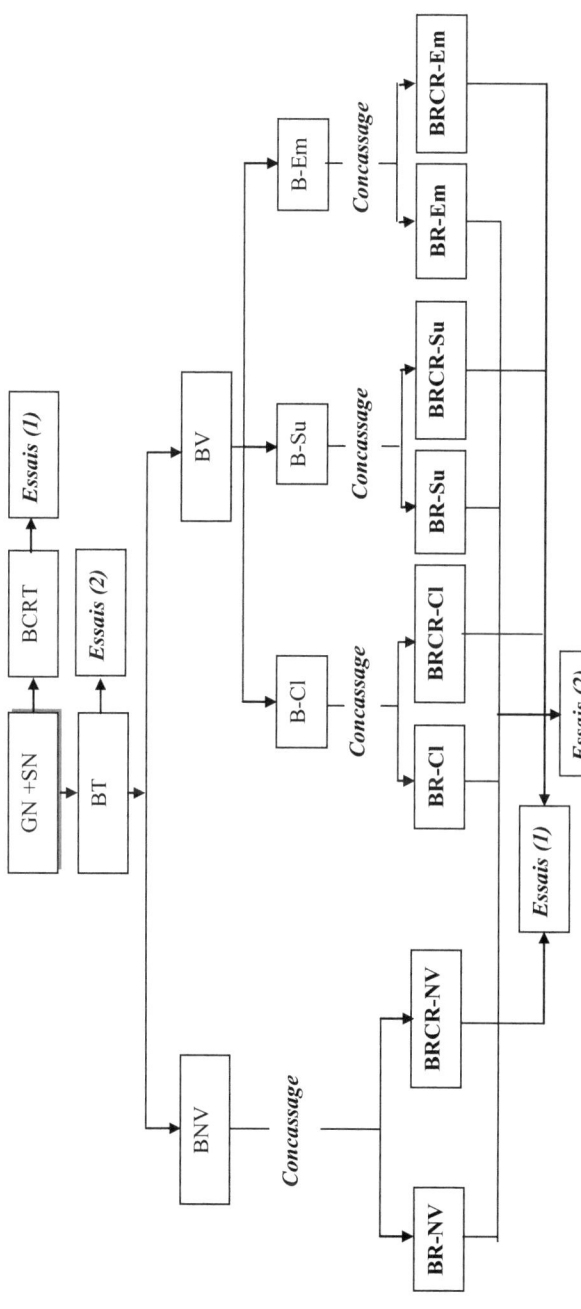

Figure IV. 20: Variables étudiées

Essais (1) : Résistance à la compression, Résistance à la traction, Module d'élasticité, Gonflement, Gel-dégel, Absorption capillaire
Essais (2) : Essais (1) + (Retrait, Perméabilité à l'oxygène, Porosité, Carbonatation, Diffusion des ions chlorures, Corrosion (BA))

Chapitre V

Analyse et discussion des résultats

V.1. Introduction

Les méthodes d'analyse et d'essais ont été décrites au chapitre IV. Les résultats sont présentés, de façon à mettre en évidence les caractéristiques et comportements spécifiques des granulats et des bétons ; on trouve en particulier les analyses sur :
- granulats naturels, recyclés et contaminés ;
- bétons frais ;
- bétons durcis (propriétés physiques, propriétés mécanique et vieillissement)

V.2. Granulats

V.2.1. Analyse granulométrique des granulats bruts

Les courbes granulométriques des sables et granulats sont présentées sur les figures V.1 - V.4.

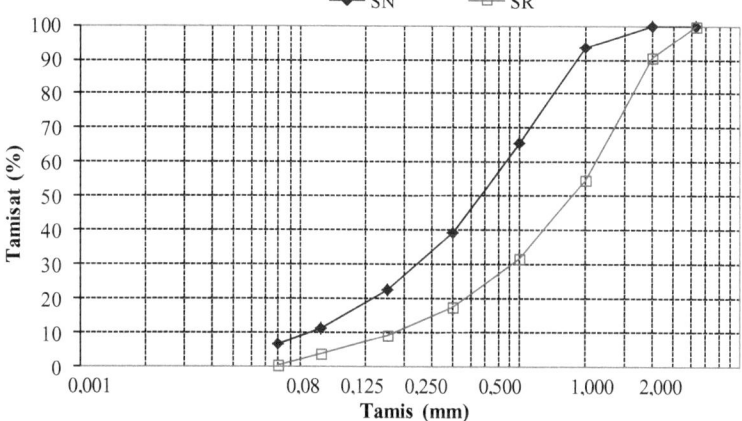

Figure V. 1 : Courbes granulométriques des sables naturels (SN) et recyclés (SR)

Le sable recyclé semble plus grossier que le sable naturel (Fig. V.1); il est constitué en majorité de petits gravillons et d'une faible proportion de sable moyen. On retrouve dans ces fines une quantité importante de ciment. Le module de finesse du sable recyclé (MF = 3.33) est nettement plus élevé que celui du sable naturel utilisé (MF = 2.72). Par conséquent, son pourcentage de substitution dans le béton recyclé risque de produire un phénomène de ségrégation pour ce dernier. D'après les figures V.2 – V.4 sous mentionnées, il apparaît que les gros granulats recyclés sont comparables aux gros granulats naturels.

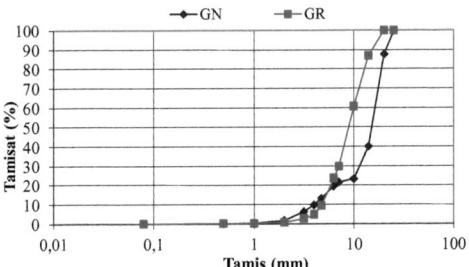

Figure V. 2 : Courbes granulométriques des granulats (4/14) naturels (GN) et recyclés (GR)

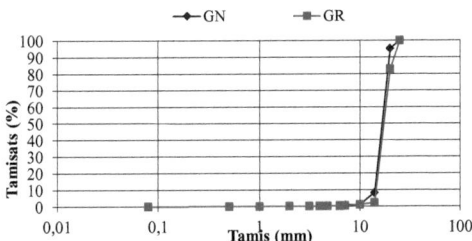

Figure V. 3 : Courbes granulométriques des granulats (14/20) naturels (GN) et recyclés (GR)

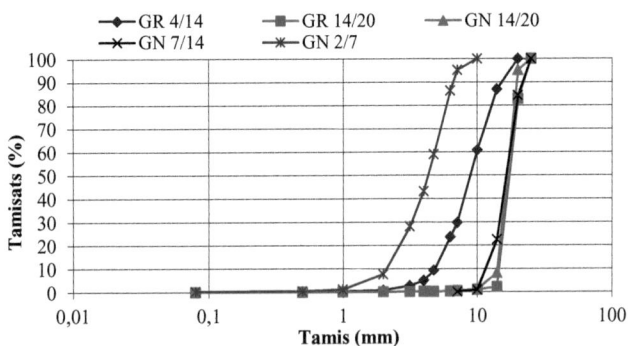

Figure V. 4 : Courbes granulométriques des gros granulats naturels (GN) et recyclés (GR)

V.2.2. Analyse granulométrique des granulats modifiés

Cette analyse granulométrique a été effectuée sur des granulats naturels et recyclés à l'état sec et humide (Saturés d'eau Surfaces Sèches) afin d'observer la résistance à l'attrition des gros granulats recyclés (paragraphe IV.2.2.9) et la production éventuelle de fines. Les granulats sont placés dans le même malaxeur que celui utilisé pour le gâchage des différents bétons, pendant 30 secondes puis 2 minutes, afin de simuler différentes opérations comme le malaxage proprement dit et le transport du béton. La valeur de 2 minutes est tirée des différentes procédures de malaxage utilisées pour la réalisation de nos bétons. Les résultats de cette analyse sont présentés sur les figures V.5 – V.8.

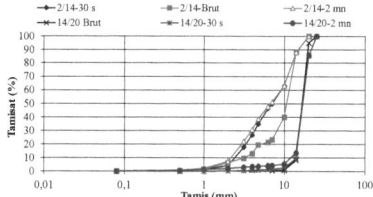

Figure V. 5 : Evolution de la granulométrie des gros granulats naturels secs après malaxage

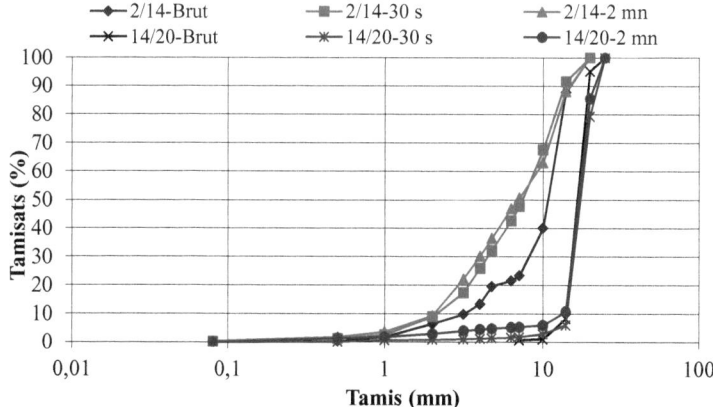

Figure V. 6 : Evolution de la granulométrie des gros granulats naturels saturés d'eau surfaces sèches après malaxage

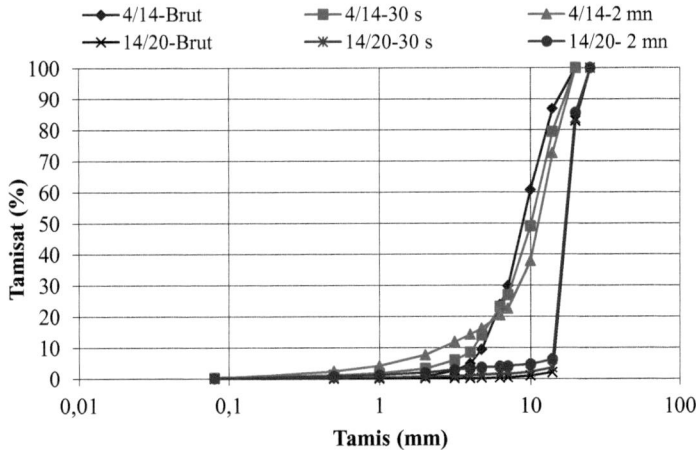

Figure V. 7 : Evolution de la granulométrie des gros granulats recyclés secs après malaxage

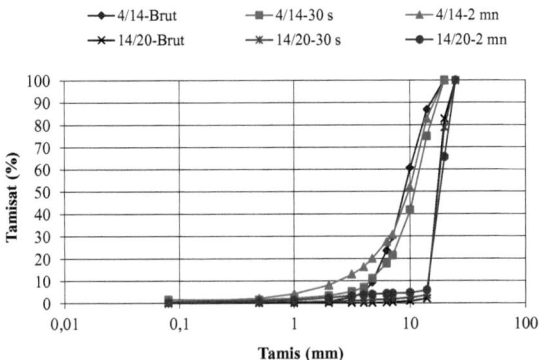

Figure V. 8 : Evolution de la granulométrie des gros granulats recyclés Saturés d'eau Surfaces Sèches après malaxage

L'augmentation en particules fines après malaxage des gros granulats naturels et recyclés, est résumée dans le tableau V.1 suivant.

Tableau V. 1 : Augmentation en particules fines des gros granulats après malaxages

		Production en particules fines (%)			
		Malaxage sec		Malaxage humide	
		30 s	120 s	30 s	120 s
% fines < tamis 4mm	GN (2/14)	6	12	13	19
	GR (4/14)	12	31	24	35
% fines < tamis 10mm	GN (14/20)	2	11	3,5	14
	GR (14/20)	3,5	10,5	5	13,1

D'après les figures V.5 – V.8 et le tableau V.1 susmentionnés, il apparaît que la production des particules fines après malaxage sec et humide:
- augmente en fonction du temps de malaxage ;
- est plus grande pour les granulats de gamme (2/14) et (4/14) par rapport aux granulats de gamme (14/20) et cela pour les deux types de granulats recyclés et naturels;
- est significative pour les granulats recyclés (4/14) et peut atteindre le double de celle des granulats naturels (2/14);
- est assez comparable pour les granulats (14/20) recyclés et naturels.

Les granulats recyclés semblent êtres friables et produisent, après malaxage, des fines essentiellement constituées d'ancien ciment qui peuvent influencer aussi bien les caractéristiques du béton frais (maniabilité, demande en eau, délai de prise, etc.), que celles du béton durci (adhérence nouvelle pâte de ciment, granulats, composition chimique du liquide interstitiel, etc.).

Katz [53] a trouvé une même distribution granulométrique des agrégats recyclés avant et après malaxage et que la quantité non significative des fines produite après malaxage ne dépend pas de l'âge des agrégats. Par contre, Coquillat [58] a trouvé que la granulométrie des granulats recyclés est notablement modifiée lors du malaxage.

Dans notre cas, il apparaît que, non seulement le temps de malaxage mais aussi le calibre du recyclé, ont une influence sur la granulométrie finale. Le fait de travailler avec des granulats recyclés saturés, semble augmenter le phénomène d'attrition. Cela signifie que la composition réelle du béton recyclé s'en trouve modifiée.

V.2.3. Formes des grains et état de surface

Par analyse visuelle, on constate que la surface des granulats recyclés est rugueuse et comporte des fissures, alors qu'elle est lisse pour les granulats naturels. La texture des particules de gros granulats recyclés est englobée par une couche non négligeable de pâte de mortier ancien.

L'analyse de forme est effectuée sur trois échantillons de 100 granulats chacun, et la moyenne des résultats est présentée dans le tableau V.2.

Tableau V. 2 : Forme des granulats utilisés

Catégorie	p = e/I	q = I/L	Plat[30] (%)	Cubique (%)
GN 2/20	0,71	0,78	29	71
GR 4/14	0,61	0,64	69	31
GR 14/20	0,71	0,66	45	55

On remarque que le coefficient de cubicité des graviers naturels est plus élevé que celui des graviers recyclés. Cela confirme que les granulats recyclés sont beaucoup plus irréguliers que les granulats naturels. On remarque aussi que les granulats recyclés (spécialement la gamme 4/14) comportent une partie assez importante (plus que la moitié) de particules plates qui peuvent influencer négativement sur la fluidité et la compacité du béton recyclé. Cela est dû sans doute au mode concassage utilisé. Des résultats similaires ont été observés par Hadjieva-Zaharieva moyennant des observations au MEB[31] [21].

V.2.4. Gangue de pâte de mortier d'ancien ciment

Le pourcentage pondéral de ciment collé aux granulats primaires est d'environ 12,7% pour les granulats (4/14) et 13,6% pour les granulats (14/20). Katz [53] a trouvé 6,5% de ciment d'ancien mortier dans le sable recyclé et 25% dans les granulats recyclés.

La quantité de ciment d'ancien mortier est donc significative sur les granulats recyclés, ce qui explique sans doute la différence en granulométrie, en densité et en absorption d'eau entre les granulats naturels et recyclés. Cette gangue de ciment peut aussi influencer négativement le comportement du béton recyclé à court et à long termes [78].

Contrairement aux opinions communément admises, Nagataki et al [146] ont constaté, d'après l'étude microstructurale du béton recyclé, que la gangue de ciment d'ancien mortier, n'est pas toujours le paramètre déterminant la qualité des gros concassés de béton. Les fissures dans les granulats, causées par le concassage (concasseur à mâchoire) du béton primaire (naturel), contribuent aussi à la dégradation des performances et, par suite, de la durabilité du béton recyclé.

Les granulats recyclés gris sont mis en évidence dans une matrice de couleur plus claire moyennant un ciment blanc (Fig. V.9).

---

[30] Dans l'échantillon analysé, cette catégorie regroupe le pourcentage des granulats plats, allongés, plats et
allongés.
[31] Microscope Electronique à Balayage

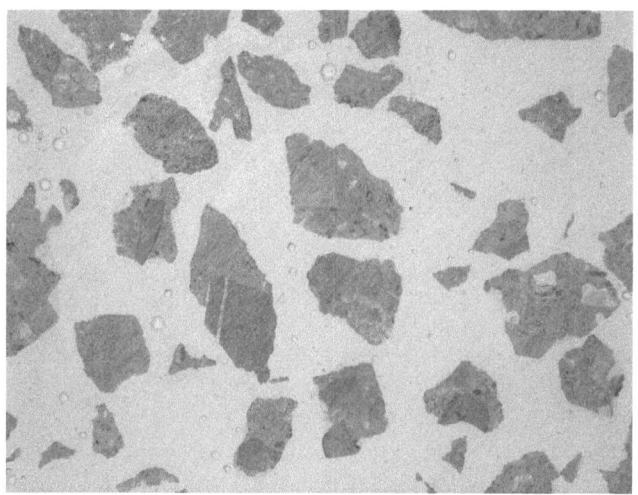

Figure V. 9 : Tranche de béton obtenu par sciage, de granulats recyclés gris dans un mortier de ciment blanc

V.2.5. Masse volumique

Les résultats sont résumés dans le tableau V.3.

Tableau V. 3 : Masses volumiques des granulats utilisés

	γ_{app} (kg/m³)	γ_r (kg/m³)		γ_{app} (kg/m³)	γ_r (kg/m³)
GN 14/20	1219	2757	GR 14/20	1022	2319
GN 7/14	1312	2691	GR 4/14	1164	2329
GN 2/7	1326	2670	SR 0/4	1364	2309
SN 0/2	1510	2707			

On remarque que les masses volumiques des granulats recyclés sont nettement plus faibles que celles des granulats naturels utilisés. Une diminution d'environ 10 à 15% pour les graviers et jusqu'à 20% pour le sable. Cette diminution est comparable aux résultats d'autres recherches [38, 52, 61, 63, 65, 147, 148, 149] où en moyenne une chute de 10 à 20% de la masse volumique des granulats de béton concassé a été observée. Cette chute de masse volumique des agrégats de béton concassé est due à la masse d'ancien mortier qui recouvre les particules et principalement à sa faible densité.

La masse volumique des granulats recyclés dépend donc, de la masse volumique des granulats primaires (naturels) et la masse volumique du mortier ancien attaché à ces granulats. Par conséquent, une corrélation peut être tirée de type:

$$MV_{recy} = MV_{nat} \cdot V1 + MV_{mort} \cdot V2. \qquad (5.1)$$

avec MV_{recy} : masse volumique des granulats recyclés
MV_{nat} : masse volumique des granulats naturels
MV_{mort} : masse volumique du mortier ancien attaché au granulats naturels

V.2.6. Absorption d'eau

Les résultats sont récapitulés dans le tableau V.4.

Tableau V. 4 : Pourcentage d'absorption d'eau des granulats utilisés

	Absorption (%)		Absorption (%)
GN 14/20	0.36	GR 14/20	6.00
GN 7/14	0.37	GR 4/14	4.92
GN 2/7	1.20	SR 0/4	9.20
SN 0/2	0.28		

Nous constatons que les granulats recyclés absorbent beaucoup plus d'eau que les granulats naturels ; le coefficient d'absorption d'eau dépend de la granulométrie et il est plus élevé pour les sables que pour les graviers. Fumoto et al [150], concluaient que l'absorption élevée du sable recyclé, diminue la résistance du béton recyclé et augmente son retrait et sa carbonatation indépendamment du rapport E/C.

La forte absorption d'eau des granulats recyclés est due sans doute à la présence d'ancien mortier attaché aux granulats primaires (naturels). Par conséquent, comme pour les granulats légers, les granulats recyclés nécessitent alors un pré-mouillage lors de l'élaboration des bétons. Les valeurs d'absorption d'eau des gros granulats de béton concassé restent tolérables au regard des limites (5%) exigées par différents normes [21, 52, 148].

V.2.7. Propreté

Les résultats obtenus (en moyenne) sont résumés dans le tableau V.5. On remarque une augmentation de l'Equivalent de Sable d'environ 5 % pour le sable recyclé par rapport à celui du sable naturel, ceci est dû sans doute à la poussière de concassage collée aux particules de grains recyclés. La valeur de l'équivalent de sable dépasse les 70% pour le sable naturel et recyclé; selon la même norme utilisée, ces sables sont donc considérés comme propres.

Tableau V. 5 : Propreté et impuretés des granulats utilisés

	Pourcentage d'impureté	Propreté	
		ESP (%)	ESV (%)
GN 14/20	0.24	/	/
GN 7/14	0.60	/	/
GN 2/7	0.27	/	/
SN 0/2	/	78.8	90.6
GR 14/20	0.93	/	/
GR 4/14	0.52	/	/
SR 0/4	/	84	84.8

De même une légère augmentation des impuretés dans les graviers est observée. Dans les graviers naturels, ces impuretés sont en général un mélange de poussière, de petites particules d'argiles et des insolubles. Par contre dans les graviers recyclés, ces impuretés sont probablement en totalité une masse d'ancien mortier de béton original et de la poussière issue du concassage.

V.2.8. Résistance mécanique : dureté (Los-Angeles)

Les résultats obtenus sont présentés dans le tableau V.6. On remarque une chute de dureté d'environ 11% par rapport aux granulats naturels. La pâte de ciment de l'ancien mortier qui recouvre la surface des granulats recyclés peut être à l'origine de cette différence de dureté. Les granulats recyclés utilisés sont donc moins durs que les granulats naturels mais les valeurs de Los-Angeles restent acceptables (35% en moyenne) car inférieures à la limite (40%) exigée par la norme utilisée NF P 18-573 [52, 119, 148, 149].

Tableau V. 6 : Dureté des granulats utilisés

	Los-Angeles (%)		Los-Angeles (%)
GN 14/20	24	GR 14/20	36
GN 7/14	22	GR 4/14	34
GN 2/7	25		

D'après les prescriptions techniques de la PTV 406 [51], les granulats recyclés utilisés se classent dans la catégorie LA_{25} quand le coefficient Los-Angeles est inférieur ou égal à 25.

V.3. Progression des chlorures et des sulfates dans les dalles de béton naturel vieilli

V.3.1. Contrôle de migration des ions chlorures et des ions sulfates dans les dalles de béton naturel vieilli

Après une année passée en contacte de la solution agressive (chlorures, sulfates ou eau de mer), le taux de contamination des dalles de béton naturel (BT) est résumé dans les tableaux V.7 et V.8.

Tableau V. 7 : Teneur moyenne en chlorures dans les dalles en béton naturel, vieillies pendant une année dans la solution agressive

	0 jours Echantillon Vierge		30 jours		90 jours		365 jours	
	% m/b[32]	% m/c[33]	% m/b	% m/c	% m/b	% m/c	% m/b	% m/c
BT	0,013	0,104	/	/	/	/	/	/
B-Cl	/	/	0,054	**0,432**	0,121	**0,968**	0, 329	**2,632**
B-Su	/	/	/	/	/	/	/	/
B-Em	/	/	0,026	**0,208**	0,155	**1,240**	0,455	**3,640**

Tableau V. 8 : Teneur moyenne en sulfates (%) dans les dalles en béton pollué naturel, vieillies pendant une année dans la solution agressive

---

[32] % par rapport à la masse de béton
[33] % rapporté à la masse du ciment

	0 jours Echantillon Vierge		30 jours		90 jours		365 jours	
	% m/b	% m/c	% m/b	% m/c	% m/b	% m/c	% m/b	% m/c
BT	0,559	4,472	/	/	/	/	/	/
B-Cl	/	/	/	/	/	/	/	/
B-Su	/	/	0,516	4,128	0,596	4,768	0,576	4,608
B-Em	/	/	0,607	4,856	0,564	4,512	0,688	5,504

On constate une évolution importante de la teneur en chlorures du béton avec le temps (environ 32 fois plus dans le béton pollué par rapport au béton témoin non pollué), tandis que la teneur en sulfates évolue peu (environ 1,25 fois plus dans le béton pollué par rapport au béton témoin non pollué). Ces valeurs sont des valeurs moyennes, à partir de mesures effectuées sur 5 tranches (paragraphe IV.5.2). Dans le cas des chlorures, les valeurs individuelles sont très différentes selon que l'on se trouve en surface ou en cœur du béton (Fig. V.10). Même après 1 an et l'alternance d'exposition (les dalles sont retournées tous les mois, paragraphe IV.5.2), la pénétration des chlorures concerne essentiellement la peau du béton (± 20mm). Dans ces conditions, il parait illusoire de réaliser des bétons recyclés à partir de broyage des dalles de bétons sachant que la teneur en chlorures des granulats sera extrêmement variable (paragraphe V.3.2).

Pour ce qui concerne les sulfates, on constate que la teneur évolue peu avec le temps et que, de plus, elle est proche de celle mesurée sur béton vierge. La raison en est probablement la faible concentration de $MgSO_4$ dans l'eau (50 g/litre).

La norme européenne EN 206-1:2000 complétée par la norme belge NBN B 15-001:2004 [151], détermine que la limite maximale autorisée dans le contexte belge est égale à 1,0% Cl⁻ dans le béton non armé, à 0,40% Cl⁻ dans le béton armé et à 0,20% Cl⁻ dans le béton précontraint.

L'évolution de la teneur (% rapporté à la masse du ciment) en chlorures (Cl) et en sulfates (Su) sur une série de tranches (disques de 1 à 5) d'une carotte prise au milieu d'une dalle de béton, contaminée pendant une année par la solution agressive (Chlorures ou sulfates), est présentée dans la figure V.10 et la figure V.11.

La pénétration des ions chlorures et des ions sulfates évolue d'une façon logique de l'extérieur vers l'intérieur de la dalle polluée. On a remarqué qu'entre les deux faces extérieures (1 et 5), il y a toujours une face qui absorbe plus d'ions par rapport à l'autre. La dalle en béton semble "pomper" d'une face mieux que l'autre. La face qui absorbe le plus est généralement celle qui est en premier au contact de la solution agressive (face en immersion) ; lorsqu'on tourne la dalle mensuellement, cette face (saturée) forme en quelque sorte un bouchon pour celle qui est immergée et, par suite, cette dernière absorbe longuement que celle opposée.

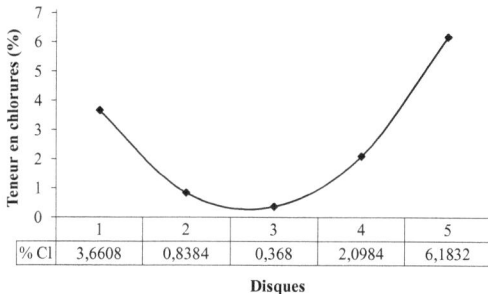

Figure V. 10 : Evolution de la teneur en chlorures sur une série de tranches (disques de 1 à 5) d'une carotte prise au milieu d'une dalle de béton vieilli dans la solution chlorures.

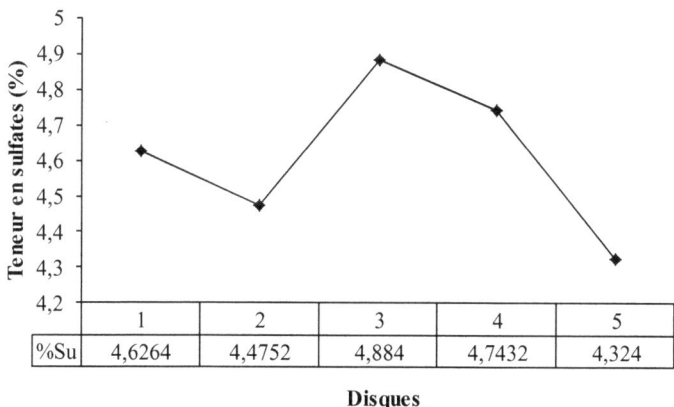

Figure V. 11 : Evolution de la teneur en sulfates sur une série de tranches (disques de 1 à 5) d'une carotte prise au milieu d'une dalle de béton vieilli dans la solution sulfates.

Les résultats obtenus, confirment que les dalles en béton naturel destinées à être broyés pour fabriquer des granulats recyclés, sont suffisamment polluées en chlorures et en sulfates. Les granulats recyclés pollués sont produits par concassage et criblage adéquat des ses dalles.

V.3.2. Teneur en chlorures et en sulfates dans les granulats

La teneur en chlorures et en sulfates dans les gros et fins granulats naturels, recyclés vierges et recyclés contaminés, issues du concassage des dalles en béton, est résumée dans les tableaux V.9 et V.10. Ces valeurs sont des moyennes de mesures, effectuées sur deux échantillons (environ 200g de granulats par échantillon) de granulats pour chaque type et pour chaque calibre.

Tableau V. 9 : Teneur en chlorures dans les granulats

	0/2 mm 0/4 mm		2/7 mm		4/14 mm		7/14 mm		14/20 mm	
	%	% m/c	%	% m/c	%	% m/c	%	% m/c	%	% m/c
GN	/	/	0,004	0,033	/	/	0,008	0,064	0,019	0,157
GR-NV	/	/	/	/	0,010	0,083	/	/	0,010	0,083
GR-Cl	/	/	/	/	0,530	4,246	/	/	0,578	4,629
GR-Em	/	/	/	/	0,279	2,234	/	/	0,407	3,256
SN	0,009	0,073								
SR-NV	0,012	0,099								
SR-Cl	0,385	3,079								
SR-Em	0,138	1,105								

Tableau V. 10 : Teneur en sulfates dans les granulats

	SN 0/2 SR 0/4		2/7 mm		4/14 mm		7/14 mm		14/20 mm	
	%	% m/c	%	% m/c	%	% m/c	%	% m/c	%	% m/c
GN	/	/	0,084	0,669	/	/	0,064	0,510	0,059	0,471
GR-NV	/	/	/	/	0,430	3,439	/	/	0,404	3,229
GR-Su	/	/	/	/	0,545	4,365	/	/	0,540	4,321
GR-Em	/	/	/	/	0,409	3,274	/	/	0,551	4,405
SN	0,106	0,845								
SR-NV	0,521	4,172								
SR-Su	0,727	5,814								
SR-Em	0,711	5,691								

On constate une teneur importante en chlorures dans les granulats recyclés contaminés, tandis que la teneur en sulfates est proche de celle mesurée sur les granulats vierges. Le sable présente des teneurs en sulfates et en chlorures un peu plus grandes que celle mesurées sur les gros granulats. Les granulats recyclés contaminées sont beaucoup plus riches en chlorures qu'en sulfates [152, 153].

Du point de vu normatif, la teneur maximale en chlorure dans les granulats recyclés est limitée à 0,06 % [38, 55]. La recommandation Suisse SIA 162/4 concernant les granulats de béton recyclé destinés aux bétons hydrauliques, imposent des limites de 0,12 % (de la masse du béton primaire) pour les bétons armés et de 0,03 % pour les bétons non armés [21]. La norme française NF P 18-541 (1994) [154] limite la teneur en sulfates[34] (exprimé en SO_3 et mesurée par la méthode gravimétrique) dans les granulats pour bétons à 0,15% par masse. D'autre part, les spécifications du Comité Européen de Normalisation [35] et les recommandations de la RILEM [37], admettent pour le béton, les granulats recyclés contenant jusqu'à 1% en masse (exprimé en SO_3) de sulfates.

Dans la pratique, les granulats recyclés issus du concassage de béton structurel, de béton de chaussées et des déchets de bâtiments et de maçonnerie, contiennent une quantité de sulfates (0,3 à 0,8% par masse de SO_3) dont la plus grande partie est combinée dans les hydratés de ciment et ne produit pas d'expansion significative du mortier et du béton [155].

V.3.3. Contrôle de migration des ions chlorures dans les granulats

Évoqué précédemment, le problème de non homogénéité de la contamination des granulats recyclés risque de poser problème dans l'interprétation des résultats d'analyse : tous les bétons fabriqués à partir de granulats recyclés ne se retrouvent pas dans le même "état" de contamination. C'es pourquoi une étude a été réalisée afin de définir les conditions d'une meilleure homogénéisation et différents traitements ont été opérés sur les granulats recyclés vieillis :
1- séjour de 0 à 168 heures dans la même solution NaCl, utilisée pour la contamination des dalles en béton ;
2- séjour dans l'eau.

De plus, des granulats recyclés non vieillis ont été placés de 0 à 168 heures, dans la même solution de NaCl, utilisée pour la contamination des dalles en béton. La teneur en chlorures (rapportée à la masse du ciment) dans les gros granulats recyclés est présentée dans la figure V.12.

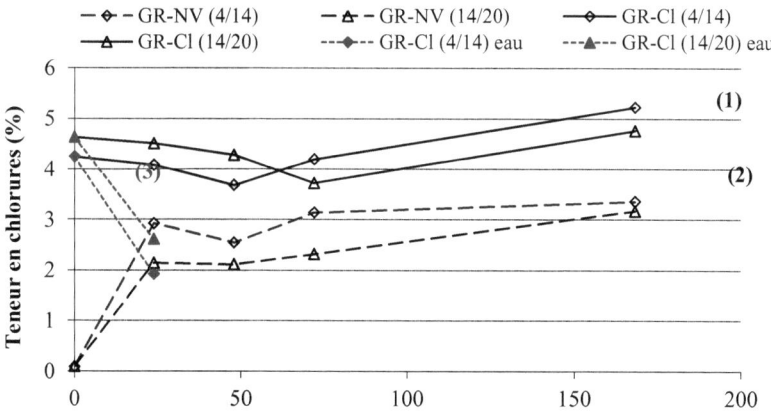

(1) sur granulats recyclés de béton pollué dans la solution NaCl
(2) sur granulats recyclés vierges de béton non pollué
(3) sur granulats recyclés (de béton pollué dans la solution NaCl) trempés dans l'eau

Figure V. 12 : Teneur en chlorures dans les gros granulats recyclés trempés dans la solution Na Cl et dans l'eau

---

[34] 1% de SO_3 = 1,2% de SO_4 = 2,15% de $CaSO_4 \cdot 2H_2O$ (% en masse)

On constate que :
- la teneur en chlorures des granulats recyclés vieillis se stabilise voire augmente légèrement en cas de séjour dans la solution NaCl ;
- les granulats recyclés non pollués, suivent le même faisceau de contamination au contact d'une solution riche en chlorures; la granulométrie (4/14 ou 14/20) semble ne pas avoir d'effet sur la vitesse de contamination des granulats recyclés ;
- le degré de contamination des granulats recyclés non vieillis augmente en fonction du temps, en suivant une courbe parallèle au granulats recyclés vieillis ;
- la teneur en chlorures des granulats recyclés vieillis vaut le double de celles des granulats recyclés non vieillis ;
- les granulats recyclés pollués se lessivent si on les trempe dans l'eau (3). C'est pourquoi, pour la fabrication des bétons recyclés, ces granulats seront "pré-mouillés" dans leurs solutions de contamination de départ, 24 heures avant gâchage.

Ces résultats ont été complétés par une étude plus longue (paragraphe suivante) de la lixiviation des granulats pollués par les chlorures.

V.3.4. Lixiviation des granulats pollués

Les résultats sont présentés sur la figure V.13.

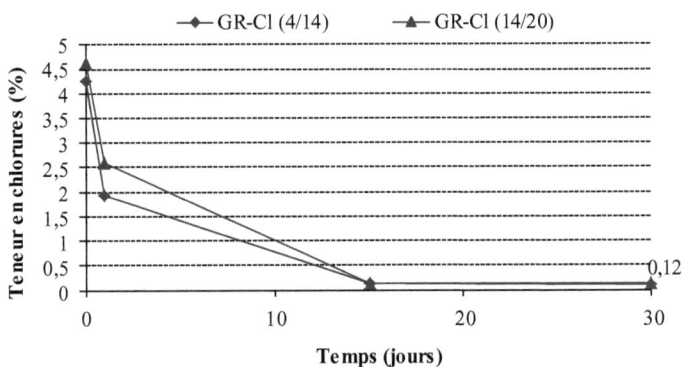

Figure V. 13 : Teneur en chlorures dans les granulats recyclés contaminés trempés (j) jours dans l'eau (lixiviation des granulats recyclés riches en chlorures issus de B-Cl)

Après 15 jours d'immersion totale dans l'eau, les gros granulats recyclés issus du béton pollué par la solution chlorures, perdent jusqu'à 96% de leurs chlorures ; la teneur devient comparable à celle des granulats naturels de départ. Ces chlorures sont donc des chlorures libres et non liés et peuvent sortir du béton après un lessivage (lixiviation) adéquat [152, 153]. Ce résultat est très important dans la pratique où l'utilisation des granulats recyclés reste jusqu'à ce jour limitée à cause des agents agressifs qu'ils peuvent contenir et surtout la grande méfiance des usagers.

Avec un bon lavage ou l'immersion totale dans l'eau pendant deux semaines au minimum, les granulats recyclés porteurs de chlorures peuvent êtres utilisés dans le béton et même dans le béton armé ou précontraint (BA et BP) sans aucun risque de corrosion.

V.4. Béton frais

V.4.1. Ouvrabilité et densité

Les deux essais réalisés sur le béton frais sont l'affaissement au cône d'Abrams et la teneur en air. Afin de limiter le nombre de compositions et de pouvoir les comparer sur une base commune, les mélanges (BR) ont été réalisés pour obtenir une ouvrabilité plus ou moins constante (un affaissement au cône d'Abrams d'environ 60 à 70 mm).

Lors de la confection des différents bétons, on a remarqué une certaine difficulté de mise en œuvre des bétons recyclés type BR par rapport à celle du béton naturels. Un phénomène de ségrégation bien visible, est observé juste après la fin du malaxage (10 à 15 minutes après) et suivi d'un développement critique pour un temps de serrage dépassant les 30 secondes. Ceci est probablement dû aux granulats fins recyclés qui absorbent beaucoup d'eau. Une moins bonne adhérence entre la pâte de ciment et les granulats dans le béton à base de granulats recyclés a été confirmée par Hansen [38]. Les résultats des essais sur le béton frais sont donnés au tableau V.11.

Tableau V. 11 : Propriétés à l'état frais des bétons réalisés

Type de béton			$E_{éff.}/C$	$E_{néc.}/C$	Slump (mm)	Teneur en air (%)	Masse vol. app. (kg/m^3)	Moy. (kg/m^3)
BT			0,63	0,65	55	1,07	2391	2391
BR		BR-NV	0,65	0,74	56	1,2	2231	2231
	BR-V	BR-Cl		0,75	54	1,2	2227	
		BR-Su		0,75	62	1,1	2230	
		BR-Em		0,73	61	1,2	2236	
BCRT			0,38	0,38	0	/	2462	2462
BCRC	BRCR-V	BRCR-Cl	0,32	0,47	0	/	2255	2267
		BRCR-Su		0,45	0	/	2219	
		BRCR-Em		0,43	0	/	2297	
		BRCR-NV		0,46	0	/	2296	

La teneur en air des bétons recyclés est plus ou moins comparable à celle du béton naturel. Ceci est comparable aux résultats des travaux antérieurs [52, 63, 148]. D'autres chercheurs ont trouvé une augmentation de la teneur en air des bétons recyclés par rapport au béton naturel à base d'un même ciment portland utilisé [53].

L'ouvrabilité du béton recyclé est difficilement obtenue à cause du coefficient d'absorption d'eau et du module de finesse élevé du sable recyclé. Une demande en eau supplémentaire est observée et, par conséquent, une augmentation du rapport eau sur ciment (E/C) est inévitable [54].

Les graviers recyclés sont prémouillés 24 heures avant chaque gâchage.

On peut remarquer que les masses volumiques apparentes du béton recyclé (BR) et du béton compacté au rouleau (BRCR) à base de granulats recyclés sont moins élevées que celle de leur béton de référence. La masse volumique plus faible des granulats recyclés utilisés pour fabriquer ces bétons semble être la cause de cette différence.

Ces résultats montrent que le béton recyclé est moins compact que le béton de référence ; par conséquent, les propriétés mécaniques sont influencées négativement. Une bonne vibration s'impose s'il l'on veut avoir un béton recyclé comparable au béton de référence. Aussi il a été observé qu'avec un minimum de 30 secondes de vibration sur la table de secousses est nécessaire pour diminuer le phénomène de ségrégation du béton à base de granulats recyclés.

V.5. Propriétés mécaniques et physiques du béton durci

V.5.1. Couleur et aspects extérieurs des bétons

Le béton recyclé type BR est de couleur grise, plus ou moins foncée par rapport à celle du béton ordinaire (BT). Par contre, le béton recyclé type BRCR, présente une couleur toujours grise mais plus foncée.

Les éprouvettes de la famille de béton BRCR, présentent des petits trous sur leurs faces latérales. Ceci est dû sans doute au mode de compactage et à la faible quantité d'eau de gâchage.

V.5.2. Masses volumiques

Les masses volumiques à l'état durci des différents bétons réalisés sont résumées dans le tableau V.12.

Tableau V. 12 : Propriétés à l'état durci des bétons réalisés

Type de béton			Masse volumique apparente (kg/m^3)	Moyenne (kg/m^3)
BT			2385	2385
BR	BR-NV		2224	2219
	BR-V	BR-Cl	2213	
		BR-Su	2221	
		BR-Em	2218	
BCRT			2461	2461
BRCR	BRCR-V	BRCR-Cl	2240	2260
		BRCR-Su	2213	
		BRCR-Em	2293	
	BRCR-NV		2293	

Les masses volumiques apparentes des deux familles de béton recyclé BR et BRCR sont moins élevées que celle de leurs bétons témoins respectifs BT et BCRT. La masse volumique faible des granulats recyclés utilisés est la cause probable de cette différence.

V.5.3. Résistance en compression

Lors de la réalisation des essais de compression, on a observé les mêmes phénomènes sur les bétons recyclés (BR) que pour le béton naturel (BT), à savoir une fissuration, visible à l'oeil nu, ayant la même direction que la force appliquée, qui apparaît entre 80 et 90% de la charge maximale. Les surfaces de fissuration suivent le plus souvent le contour des gros granulats recyclés (auréole de transition). La rupture des bétons recyclés s'effectue préalablement dans le mortier recyclé attaché aux granulats naturels.

La résistance moyenne en compression à 28 jours (Tableau V.13) des deux familles de bétons recyclés BR et BRCR est de 24 MPa et 32 MPa, respectivement, par comparaison leurs bétons de référence de 40 MPa pour le béton BT et de 46 MPa pour le béton BCR.

Tableau V. 13 : Résistance en compression des bétons réalisés.

	Rc à 28 jours (MPa)	$\Delta Rc/Rc$ (%)	Moyenne $\Delta Rc/Rc$ (%)
BT	40	0	0
BR-NV	24	39	40
BR-Cl	22	44	
BR-Su	23	41	
BR-Em	25	37	
BCRT	46	0	0
BRCR-NV	32	30	30
BRCR-Cl	31	32	
BRCR-Su	32	31	
BRCR-Em	33	28	

La chute de résistance en compression est d'environ 40% pour le béton BR. Ce résultat se rapproche des résultats trouvés ailleurs. En effet, une diminution de résistance serait de l'ordre de 10% [66, 72, 73] et de 35% [38] respectivement pour un remplacement à 100% de gros ou de fins granulats naturels par des granulats recyclés. Si tous (gros et fins) les granulats du bétons sont remplacés par des granulats recyclés, cette baisse est de l'ordre de 24 à 35% [38, 53, 74]. Des résultats similaires ont été trouvés sur des bétons à base de granulats recyclés non contaminés [148, 149, 156, 157].

L'effet combiné de la substitution en gros et fins granulats recyclés semble être très néfaste sur la résistance en compression du béton recyclé. Ceci s'explique sans doute par le pourcentage de granulats fins recyclés qui rassemble la poussière de concassage et le mortier inerte de l'ancien béton, sans oublier le pourcentage élevé d'absorption d'eau de ces granulats.

Contrairement au béton recyclé BR, le béton recyclé compacté au rouleau (BRCR) présente une chute de résistance moindre d'environ 30% par rapport au béton témoin BCRT. Il semble que le mode de compactage utilisé pour fabriquer les bétons BRCR, est à l'origine de cette chute plus faible de la résistance en compression par rapport aux bétons type BR et ce en dépit des granulats utilisés.

La figure V.14 présente la résistance en compression en fonction de la masse volumique apparente. Par rapport aux bétons de référence (BT et BCRT), la chute de résistance en compression du béton recyclé (BR et BRCR) est proportionnelle à la masse volumique apparente du béton durci.

Pour un même pourcentage de substitution en granulats recyclés, le regroupement autour d'un point des résultats de la famille des bétons recyclés type BR montre la dépendance entre la chute de résistance en compression et la masse volumique du béton. À cause du compactage, le béton compacté au rouleau semble d'être moins influencé par la masse volumique du béton et, par conséquent, par la masse volumique des constituants.

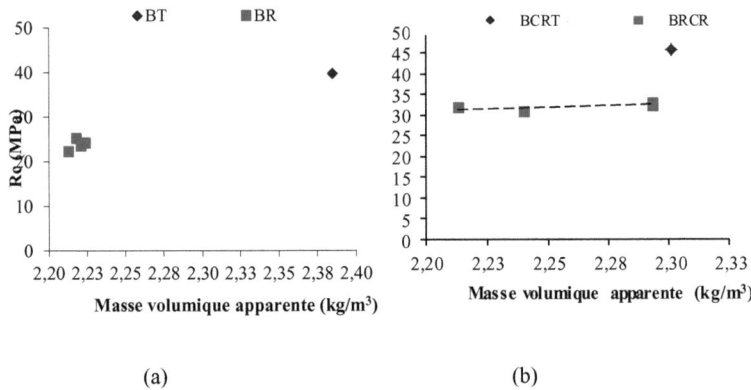

(a)   (b)

Figure V. 14 : Corrélation entre résistance en compression et masse volumique apparente du béton durci: (a) béton recyclé type BR, (b) béton recyclé type BRCR

V.5.4. Résistance en traction par fendage

La résistance moyenne à la traction par fendage de trois éprouvettes cylindriques (Ø160 mm et h 320 mm) âgées de 28 jours, est présentée dans le tableau V.14.

Tableau V. 14: Résistance en traction des bétons réalisés

Béton	Rt à 28 jours (MPa)	ΔRt/Rt (%)	ΔRt/Rt (%) Moyenne	Rt/Rc Moyenne
BT	3,1	0	0	0,08
BR-NV	2,6	16		
BR-Cl	2,4	23	19	0,11
BR-Su	2,5	19		
BR-Em	2,6	16		
BCRT	5,7	0	0	0,12
BRCR-NV	2,6	54		
BRCR-Cl	2,4	58	56	0,08
BRCR-Su	2,5	56		
BRCR-Em	2,5	56		

La résistance en traction des deux bétons recyclés BR et BRCR est moyennement similaire mais présente une chute significative d'environ 56% pour le type BRCR par rapport à 19% pour le type BR, par rapport à leur béton témoin. En dépit de la gangue de ciment qui est la cause principale dans la chute de la résistance en traction pour la famille de béton BR, le compactage appliqué au BCR n'améliore pas la résistance en traction. Ce résultat est confirmé par Quellet [84] qui avait conclu que, la résistance en traction par flexion du BCR n'est pas sensible aux variations de rapport eau/ciment mais plutôt à la nature des granulats. L'influence marquée du type de granulat tend à confirmer que la résistance en traction est grandement affectée par la propagation des fissures dans le matériau (cas du béton BRCR).

Pour un béton à base de gros et fins granulats de béton démoli, une chute de l'ordre de 20% à 40% a été observée par Zaharieva [75] et Kheder [76].

Le rapport résistance en traction sur résistance en compression (Rt/Rc) est de 0,11 pour le béton recyclé BR et de 0.08 pour le béton recyclé BRCR. La corrélation entre la résistance en traction par flexion et la résistance en compression est présentée sur la figure V.15 et comparée aux diverses relations de corrélation des différents règlements. Les formules définies dans les trois principaux codes de calcul du béton armé : Américain (ACI), Français (BAEL91) et Anglais (BS), sont les suivants:

ACI : $Rt = 0,56 \, Rc^{0,5}$ (5.2)
BAEL 91 : $Rt = 0,6 + 0,006 \, Rc$ (5.3)
BS : $Rt = 0,12 \, Rc^{0,7}$ (5.4)

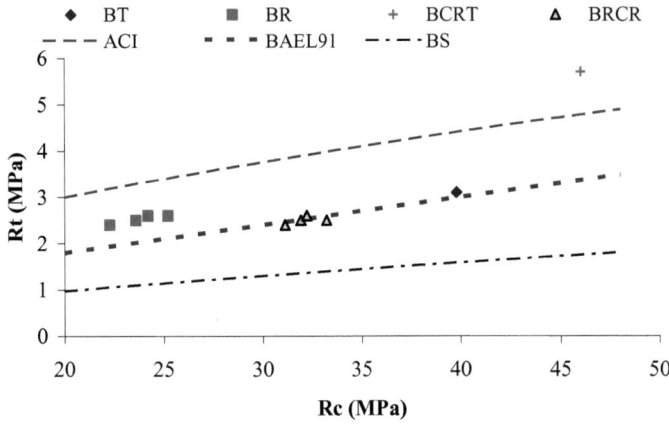

Figure V. 15 : Corrélation entre résistance en traction et résistance en compression du béton

De la figure V.15, il semble que la formule du BAEL 91 soit la mieux adaptée pour prédire les résistances mécaniques des deux familles de bétons recyclés BR et BRCR.

Il est bien évident que, pour la construction de routes, une meilleure résistance en flexion est recherchée. Le rapport flexion sur compression semble moins élevé pour les bétons recyclés compactés au rouleau (BRCR) mais ceci est dû principalement à la résistance en traction moins élevée de ses bétons.

V.5.5. Module d'élasticité en compression

Le tableau V.15 présente les résultats du module d'élasticité des différents bétons.

Tableau V. 15 : Module d'élasticité des bétons réalisés

Béton	E à 28 jours (GPa)	ΔE/E (%)	Moyenne ΔE/E (%)
BT	30,8	0	0
BR-NV	19,6	36	
BR-Cl	19,7	36	38
BR-Su	18,4	40	
BR-Em	19,2	38	
BCRT	32,5	0	0
BRCR-NV	22,8	30	
BRCR-Cl	22,7	30	32
BRCR-Su	21,9	33	
BRCR-Em	21,4	34	

Une diminution du module d'élasticité comparable à celle de la résistance en compression est observée pour les bétons recyclés BR et BRCR, par rapport à leur béton témoins respectifs. La diminution est de 38% pour BR et de 32% pour BRCR. Cette diminution peut être expliquée pour les deux types de béton (BR et BRCR) par le faible module d'élasticité de la gangue de ciment dont les granulats recyclés sont partiellement constitués par rapport à celle des granulats naturels [38, 52, 148, 149].

Dans la littérature, une réduction d'environ 15 à 45 % pour le béton à base de gros granulats de béton concassé a été rapportée par certains chercheurs [38, 72, 75, 76].

La figure V.16 montre la relation entre la résistance en compression et le module d'élasticité.

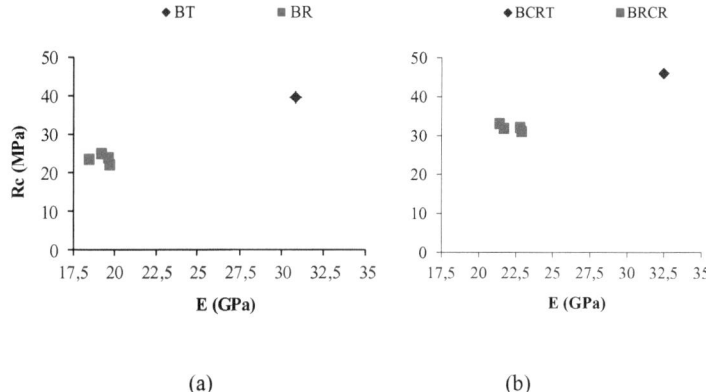

(a) (b)
Figure V. 16: Corrélation entre résistance en compression et module d'élasticité du béton durci : (a) béton recyclé type BR, (b) béton recyclé type BRCR

Par rapport au béton témoin (BT), les bétons recyclés type BR présentent un module d'élasticité plus faible que celui des bétons BRCR. Le béton recyclé à base de 100% de granulats recyclés (BR), est donc plus déformable que le béton recyclé compacté au rouleau (BRCR) à base des mêmes granulats recyclés. La raison est simplement que le BRCR est plus compact et contient moins de liant.

Comme pour la relation entre la résistance en compression et la masse volumique apparente, la résistance en compression du béton recyclé augmente en fonction de l'augmentation de son module d'élasticité.

V.5.6. Propriétés de transport

V.5.6.1. *Perméabilité à l'oxygène*

La résistance des bétons n'est pas seulement mécanique mais aussi physique et chimique ; leur durabilité ne peut être assurée que s'ils sont suffisamment peu perméables à la pénétration d'agents agressifs extérieurs sous forme liquide ou solide. La perméabilité joue un grand rôle dans la gouvernance de la résistance du béton aux ions sulfates [158].

Le coefficient de perméabilité au gaz (air) est d'usage assez répandu comme indicateur de la durabilité des bétons. Il dépend de nombreux facteurs, dont la nature du gaz, les différentes formes d'écoulements qui interviennent ou encore le préconditionnement des échantillons. Dans ce travail, on s'intéresse beaucoup plus à la perméabilité intrinsèque (P_{int}) qui est indépendante de la pression du gaz. La valeur de perméabilité est calculée moyennant la formule de Poiseuille et la théorie de Klinkenberg (paragraphe III.1.3) ; les différents résultats obtenus sont résumés à la figure V.17.

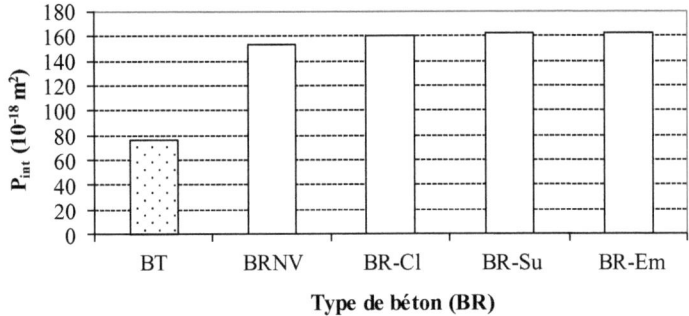

Figure V. 17 : Variation de la perméabilité à l'oxygène des bétons type BR

On constate que le béton recyclé type BR est plus perméable à l'oxygène que le béton témoin mais, si cette perméabilité avoisine le double de celle du béton naturel et reste constante pour tous les bétons recyclés de ce type (BR), elle reste relativement faible. Ce résultat concorde avec celui de Wainwright [79]. Quebaud [36], quant à lui, a trouvé une perméabilité à l'oxygène proche de celle d'un béton naturel, mais en augmentation jusqu'au double quand le pourcentage en granulats fins recyclés dépasse 46%. Ce résultat nous mène à conclure que, dans notre cas, l'augmentation de la perméabilité à l'oxygène des bétons recyclés est sans doute due au pourcentage élevé (100%) en sable recyclé. Le type de contamination des granulats recyclés utilisés ne change apparemment pas la perméabilité à l'oxygène du béton recyclé. La perméabilité à l'oxygène du béton recyclé est donc plutôt influencée par la texture poreuse du béton, et en particulier la pâte de ciment, que par la nature chimique des granulats utilisés.

V.5.6.2. *Capillarité*

L'absorption initiale ainsi que le coefficient de sorption (absorptivité ou sorptivité) d'eau des différents bétons sont résumés dans le tableau V.16. L'évolution de l'absorption d'eau par capillarité dans le temps des différents bétons réalisés, est représentée dans les figures V.18 et V.19.

Les résultats d'absorption qui sont présenté ici, obtenus sur des éprouvettes en contact avec une nappe d'eau de 5 mm, représentent effectivement l'état porométrique des premiers millimètres de l'éprouvette. C'est en effet la porosité de ces quelques premiers millimètres qui gouverne la pénétration des agents agressifs et constituent les chemins privilégiés pour la pénétration des fluides gazeux et liquides. Ceux-ci migrent d'autant plus facilement que cette porosité et que la vitesse d'absorption sont élevées.

Tableau V. 16: Absorption initiale et coefficient de sorption des différents bétons réalisés

	Absorption initiale (kg.m^{-2})	Cœff. de sorption S (kg.m^{-2}.h$^{-0.5}$)
BT	0,054	0,052
BR-NV	0,633	0,442
BR-Cl	0,662	0,450
BR-Su	0,537	0,512
BR-Em	0,558	0,464
BCRT	0,051	0,017
BRCR-NV	0,075	0,055
BRCR-Cl	0,078	0,051
BRCR-Su	0,082	0,059
BRCR-Em	0,077	0,046

Du tableau V.16, on constate en premier lieu que l'absorption initiale est nettement plus grande que la sorptivité pour l'ensemble des bétons recyclés. Ce résultat était prévisible à cause de l'absorption élevée du sable recyclé (9%); les graviers recyclés quant à eux, sont prémouillés 24 heures avant gâchage. Ce résultat confirme aussi l'importance de l'absorption d'eau durant les premiers instants pour évaluer la porosité de surface du béton et même du béton recyclé. En second lieu, il important de souligner la grande sorptivité (environ dix fois) du béton recyclé type BR par rapport au béton naturel. Par contre, à cause du compactage, le béton recyclé type BRCR présente une sorption identique au béton naturel (BT).

Olorunsogo et al [82], ont constaté une augmentation de 29% de la sorptivité du béton à base de 100% de granulats recyclés par rapport à celle d'un béton naturel.

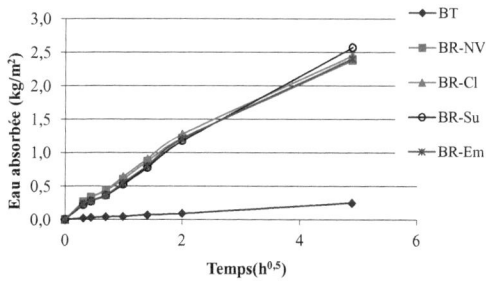

Figure V. 18 : Absorption d'eau par capillarité des bétons recyclés type BR

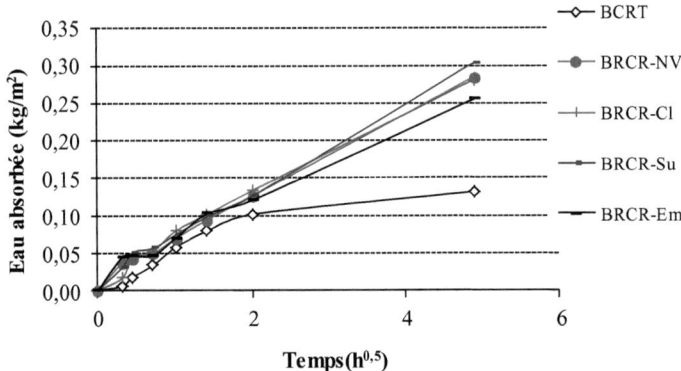

Figure V. 19 : Absorption d'eau par capillarité des bétons recyclés type BRCR

Des figures V.18 et V.19, il ressort clairement que le processus d'absorption d'eau des bétons recyclés (BR et BRCR) est similaire à celui du béton naturel. Toutefois, les bétons recyclés type BR se caractérisent par une plus forte capacité d'absorption d'eau que le béton naturel. Cela est dû au pourcentage élevé en granulats recyclés et, surtout, la grande capacité d'absorption d'eau des granulats fins recyclés (les gros sont gâchés Saturés d'eau Surfaces Sèche). Les granulats fins induisent de plus une structure poreuse dont les capacités d'absorption sont importantes.

Les bétons recyclés type BRCR, semblent présenter une capacité d'absorption d'eau comparative à celle du béton naturel en dépit du même pourcentage de granulats recyclés utilisés pour les bétons recyclés type BR.

Le remplissage des gros capillaires (traduit par l'absorption initiale) et des capillaires plus fins (traduit par l'absorptivité) des bétons recyclés type BR sont présentés dans les figures V.20 et V.21.

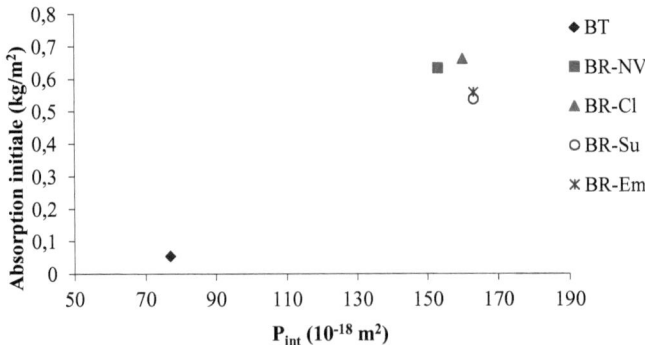

Figure V. 20 : Corrélation entre absorption initiale et perméabilité à l'oxygène des bétons types BR

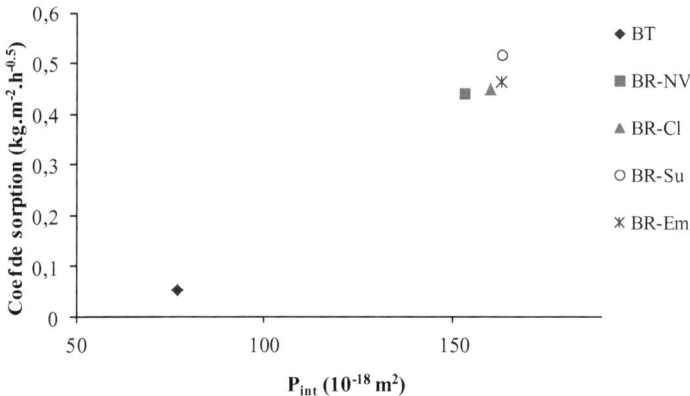

Figure V. 21 : Corrélation entre absorptivité et perméabilité à l'oxygène des bétons types BR

On peut constater une proportionnalité entre la capillarité et la perméabilité des bétons recyclés (BR). La structure poreuse des bétons recyclés se distingue fortement par la taille des gros capillaires (absorption initiale) et le volume des capillaires fins (absorptivité) qui dépassent le double de ceux du béton naturel (témoin) [152, 153].

Comme pour le béton naturel, ont peut conclure que l'essai d'absorption capillaire indique que, même s'il ne caractérise pas mieux qu'un essai de perméabilité la porosité globale du béton recyclé, il permet toutefois dévaluer l'évolution du diamètre moyen des plus gros capillaires en surface.

V.5.6.3. *Porosité*

Le degré de saturation de l'éprouvette est calculé par référence au pouvoir de rétention d'eau de l'échantillon, lequel correspond au volume poreux total de l'éprouvette. Les différents résultats sont résumés dans le tableau V.17.

Tableau V. 17: Porosité des différents bétons réalisés.

	Porosité totale (%)	Porosité ouverte accessible à l'eau (%)
BT	13,9	12,93
BR-NV	25,1	24,8
BR-Cl	25,2	25,0
BR-Su	26,5	26,3
BR-Em	25,8	25,7

D'après les résultats obtenus, le bétons recyclé type BR est fort poreux (environ le double) par rapport au béton naturel (BT). Cette porosité est causée en gros par la forte porosité des granulats recyclés utilisés et surtout leurs pourcentages de substitution élevés. Des résultats similaires ont été trouvé par Katz et Zaharieva [53, 74].

Le mode de vieillissement des granulats recyclés semble ne pas avoir d'effet significatif sur la porosité du béton recyclé car tous les bétons recyclés présentent en moyenne la même porosité d'environ 25%.

Vis à vis de la durabilité, cette porosité élevée du béton recyclé constitue une menace permanente face aux pénétrations des agents agressifs sous formes gazeuse et liquide.

V.6. Vieillissement du béton durci

V.6.1. Carbonatation

Le phénomène de carbonatation du béton intervient dans la majorité des cas lors de son exposition à l'air ambiant. Il résulte d'un ensemble de processus induits par l'action du gaz carbonique sur les composés hydratés du ciment. La carbonatation est accompagnée aussi bien par des modifications chimiques que physiques. Elle n'affaiblit pas le béton, bien au contraire. Toute fois, dans le cas du béton armé, la neutralisation des composés basiques entraîne à terme la corrosion des armatures, dans la mesure où la passivation de l'acier n'est plus assurée dans un milieu de pH inférieur à 11,5. La profondeur de carbonatation dépend fortement de la composition chimique du béton et non uniquement de son aspect physique [81].

Les résultats de mesure de profondeur de carbonatation sont présentés sur la figure V.22.

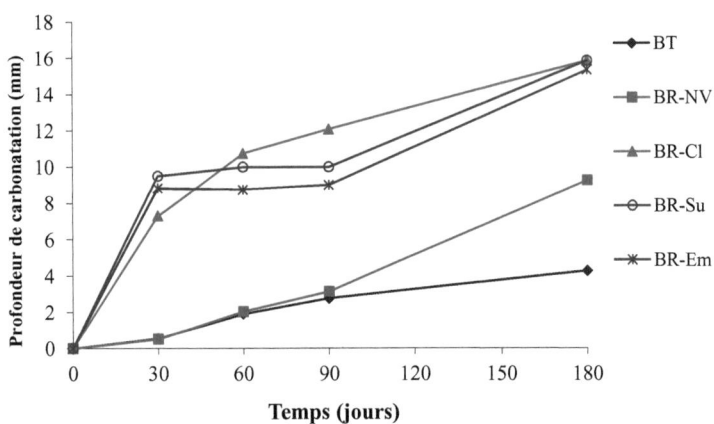

Figure V. 22 : Evolution du front de carbonatation des bétons recyclés type BR

Après 6 mois passés dans la chambre de carbonatation riche en CO_2 (1%), on remarque que le béton à base de granulats recyclés pollués (type BR) présente une vitesse de carbonatation environ quatre fois plus grande que celle du béton témoin (BT) et de deux fois plus grande que celle du béton à base de granulats recyclés non pollués (BR-NV). De plus, les granulats recyclés semblent accélérer la carbonatation du béton recyclé BR-NV après trois mois pour arriver au double du béton témoin à 6 mois. Aussi, on remarque que la pollution des granulats recyclés a un effet significatif sur la carbonatation du béton recyclé dès les premiers jours, surtout avec les chlorures (BR-Cl) entre 1 mois et 3 mois. Ceci va être confirmé dans ce qui suit avec les résultats de la corrélation entre la carbonatation et la perméabilité du béton présentée dans la figure V.23. Katz [53] reporte avoir trouvé une augmentation d'environ 2 fois et demi de la profondeur de carbonatation par rapport à celle du béton naturel.

Il en ressort que, quel que soit le type de pollution des granulats recyclés (chlorures ou sulfates ou les deux ensemble), la substitution totale des gros et fins granulats naturels par des gros et fins granulats recyclés pollués, engendre une augmentation de la carbonatation dès les premiers jours, ce qui augmente le risque de corrosion des armatures dans le cas du béton armé. En fait, après la carbonatation, de nouveaux chlorures liés sont libérés, augmentant ainsi les chlorures libres en solution, et par la même, les risques de corrosion des armatures [79].

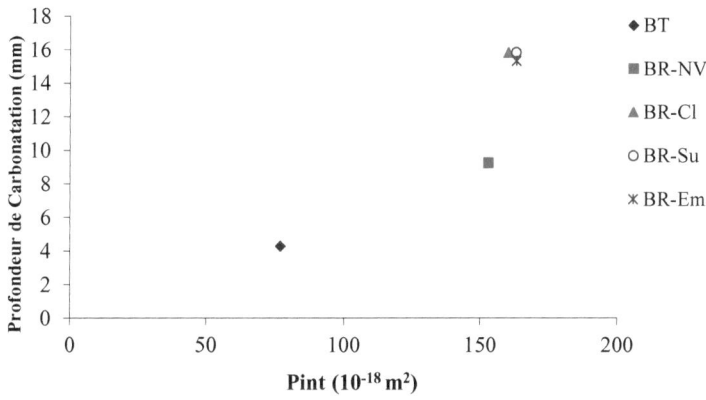

Figure V. 23 : Corrélation profondeur de carbonatation et perméabilité à l'oxygène

Plus la perméabilité et, d'une façon générale, la porosité du béton seront élevées, plus facile sera le transport, notamment gazeux, dans la structure interne du béton. Il n'est donc pas étonnant qu'il existe une corrélation entre la vitesse de carbonatation et les autres paramètres définissant cette structure poreuse : perméabilité à l'oxygène, absorption capillaire, absorption, etc. ; la meilleure corrélation est obtenue entre la profondeur de carbonatation et la perméabilité à l'oxygène (Fig. V.23).

V.6.2. Comportement aux cycles de gel-dégel

Après 14 cycles de gel et de dégel, l'examen visuel des éprouvettes n'a permis de déceler aucune détérioration significative pour tous les bétons réalisés, à l'exception d'un très léger écaillage sur quelques faces des éprouvettes du Béton Recyclé Compacté au Rouleau (BRCR). Les résultats de perte de masse sont présentés dans le tableau V.18.

Tableau V. 18: Comportement aux cycles de gel et de dégel des différents bétons réalisés

Type de béton	Perte de masse (%)
BT	0,01
BR-NV	0,14
BR-Cl	0,15
BR-Su	0,17
BR-Em	0,15
BCRT	0,01
BRCR-NV	0,33
BRCR-Cl	0,30
BRCR-Su	0,33
BRCR-Em	0,76

On peut constater que cette dernière n'excède en aucun cas 1% et cela pour tous les bétons réalisés. Ces bétons présentent donc une bonne résistance en climat sévère hivernal malgré une porosité plus élevée [152, 153]. Ce résultat est confirmé par Quebaut [57], qui rapportait avoir trouvé un comportement au gel des bétons recyclés proche de celui d'un béton classique avec une perte de masse n'excédant pas 1%. Par contre, Tori et al [66] ont trouvé une résistance nettement inférieure des bétons contenant des gros et fins granulats recyclés.

Par comparaison entre les deux familles de bétons recyclés (BR et BRCR), le Béton Recyclé Compacté au Rouleau (BRCR) présente une perte de masse qui vaut environ le double de celle des bétons recyclés type BR. De plus, dans la famille des BRCR, le béton BRCR-Em (à base de granulats de béton pollué en eau de mer) présente une perte de masse d'environ le double que celle des autres bétons. Ceci est peut être dû à la dégradation des C-S-H et à la formation de thaumasite (paragraphe III.7.4.2) ; nos granulats recyclés sont à base de granulats primaires calcaire et, en principe, leur utilisation en climat froid augmente la probabilité de ce type de dégradation, car ces matériaux sont essentiellement constitués de carbonate de calcium, et les ions carbonates interviennent dans la formation de thaumasite [104].

En corrélant la perte de masse due aux cycles de gel-dégel et la capillarité des différents bétons réalisés (Fig. V.24), on peut constater que le Béton Recyclé Compacté au Rouleau (BRCR), avec ses petits capillaires, perd en masse plus que le béton recyclé type BR. Cela est dû sans doute au faible écaillage remarqué et déjà cité au début, sur quelque faces (en majorité la face sur laquelle se pose l'éprouvette) des éprouvettes.

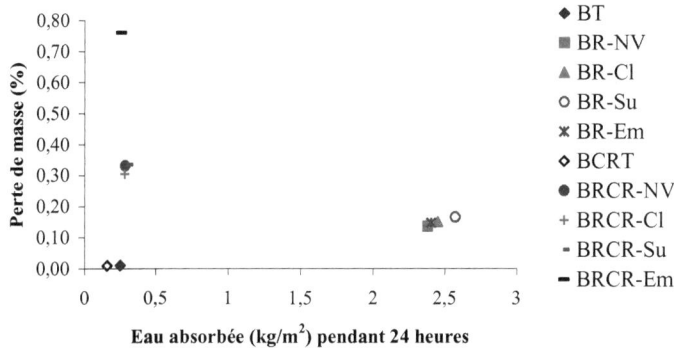

Figure V. 24 : Correlation perte de masse due au cycles de gel-degel et capillarité

V.6.3. Diffusion des ions chlorures sous champ électrique

Les résultats de la quantité de chlorures (mg/l) passée à travers l'épaisseur de l'éprouvette en béton sont donnés dans le tableau V.19. La méthode de dosage par titrage potentiomètrique a été utilisée avec deux types d'essais. Le premier essai concerne la migration des ions chlorures du liquide NaCl du réservoir de départ vers le liquide NaOH du réservoir d'arrivée, conformément à la norme utilisée ASTM C 1202-97. Par contre, le deuxième essai est du même principe que le premier sauf que, le liquide de départ (NaCl) est remplacé par la solution NaOH. Dans ce cas, on mesure de la quantité exacte des ions chlorures qui logés dans l'éprouvette, et sont sorties (dégagés) par le biais du courant électrique appliqué.

Tableau V. 19 : Migration des ions chlorures dans les différents bétons réalisés

Béton	Charge passée Q (C)	Quantité (mg/l) de Cl⁻ passée de NaCl vers NaOH	Quantité (mg/l) de Cl⁻ passée de NaOH vers NaOH	Classe de perméabilité selon ASTM C 1202-97
BT	3627	3,7	/	modérée
BR-NV	6939	12,4	/	haute
BR-Cl	7111	1392	1204	haute
BR-Su	8497	63,9	56,8	haute
BR-Em	8782	1143	1008	haute

La quantité de charge (coulombs) passée à travers l'épaisseur de l'éprouvette pendant 6 heures, du réservoir NaCl vers le réservoir NaOH, est très importante pour les bétons recyclés type BR par rapport au béton naturel (BT). Ceci peut s'expliquer par la plus grande perméabilité (citée au paragraphe précédent) du béton recyclé par rapport au béton témoin (Fig. V.25).

177

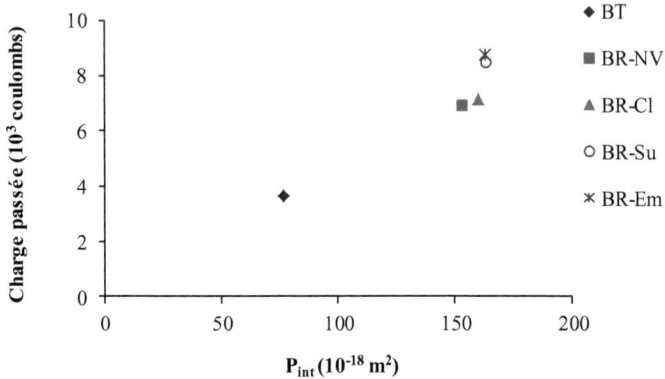

Figure V. 25 : Corrélation migration des ions chlorures perméabilité

Du NaCl vers NaOH, la quantité de chlorures passée à travers l'épaisseur de l'éprouvette, est très importante pour les bétons recyclés contaminés (BR-Cl et BR-Em) par rapport au béton recyclé vierge (BR-NV) et au béton témoin (BT). Encore une fois, ceci confirme bien la contamination par les chlorures des bétons recyclés. Les bétons recyclés type BR sont donc, fort perméables à la pénétration des ions chlorures en solution, ce qui représente une vraie menace pour leur durabilité et en particulier le risque de corrosion des armatures dans le cas du béton armé et précontraint.

V.6.4. Variations dimensionnelles

V.6.4.1. *Retrait de séchage*

La figure V.26 montre l'évolution du retrait à l'air libre et les détailles des 28 premiers jours de retrait, sont repris dans la figure V.27.

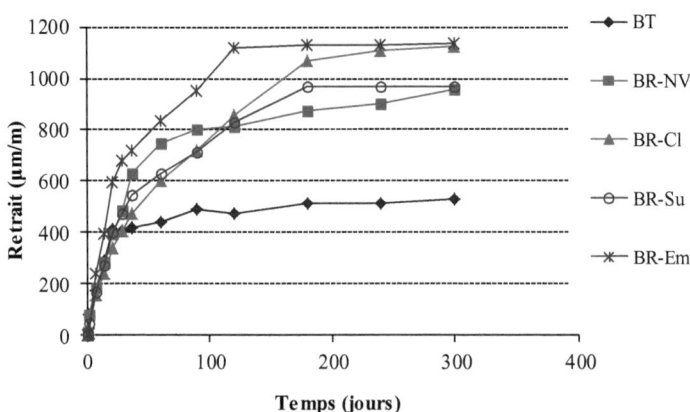

Figure V. 26 : Evolution du retrait à l'air libre

D'une façon générale, on remarque que le retrait à l'air libre des bétons à base de 100% de gros et fins granulats recyclés (type BR) est nettement plus important que celui du béton témoin à base de 100% de granulats naturels. L'augmentation est d'environ 85% après une année d'exposition à l'air libre à l'intérieur du laboratoire (15 à 20°C et 60 à 65% H.R). Cette augmentation du retrait est confirmée par d'autres chercheurs [73] et peut résulter de l'augmentation de la teneur en eau et de la teneur en pâte du béton, ainsi que du faible module d'élasticité du granulat recyclé ; le béton recyclé durci se trouve avec un volume important d'eau évaporable (due à la forte absorption d'eau du béton frais par les granulats recyclés) susceptible d'augmenter le retrait. Il faut ajouter que les granulats recyclés sont constitués d'une quantité non négligeable de pâte de ciment poreuse d'ancien mortier, dont le comportement diffère de celui des granulats, qui s'opposent au retrait du béton, et va contribuer d'autant plus à augmenter celui-ci.

Sur la figure V.27, il apparaît clairement que le retrait des bétons recyclés est comparable à celui du béton témoin BT excepté le béton recyclé BR-Em où le retrait est plus grand. Ceci est peut être lié à la solution de contamination des granulats recyclés.

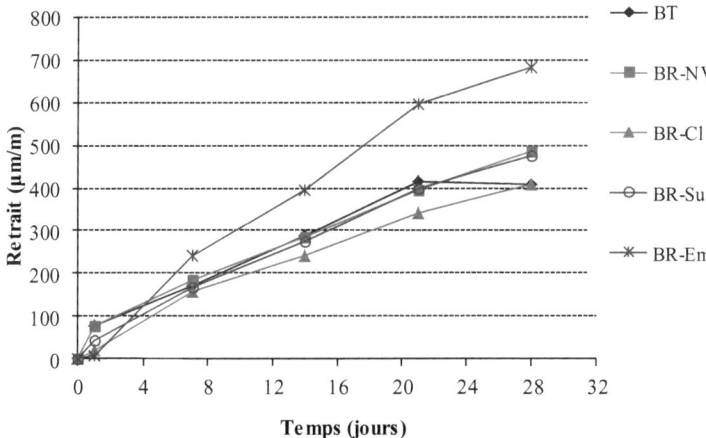

Figure V. 27 : Evolution du retrait à l'air libre pendant les 28 premiers jours

La figure V.28 résume les résultats de perte lors des essais de retrait. On constate que la perte de masse est proportionnelle au temps et commence à se stabiliser après un temps plus long pour les bétons recyclés (90 et 180 jours respectivement pour BR-NV et les autres bétons recyclés) en comparaison à 21 jours pour le béton témoin.

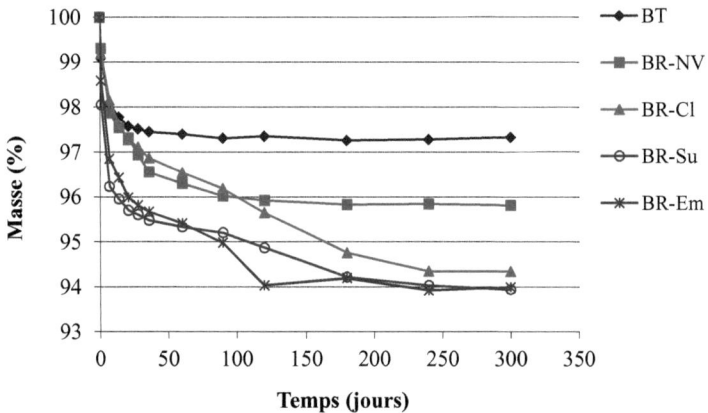

Figure V. 28 : Perte en masse pendant le retrait à l'air libre en fonction du temps

Le graphique montrant le retrait en fonction de la perte de masse (Fig. V.29), permet de constater clairement l'arrêt de perte de masse pour chaque béton réalisé.

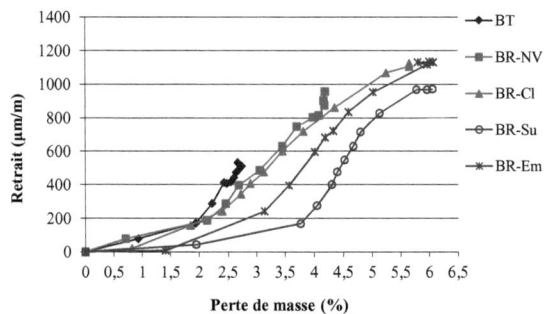

Figure V. 29 : Evolution du retrait à l'air libre en fonction de la perte de masse

V.6.4.2. *Gonflement*

Pour tous les résultats donnés dans cette partie concernant le gonflement (eau et sulfates), le lecteur remarquera des variations importantes tout au long des courbes. Ceci est dû aux petites erreurs de contact entre les plaques collées aux extrémités de l'éprouvette et les billes du retractomètre (contrairement au retrait car on a travaillé dans ce cas avec des plots à la place des plaques). Ce sont donc plutôt les courbes "lissées" qui doivent être considérées pour l'interprétation des résultats.

V.6.4.2.1   Gonflement dans l'eau

Les figures V.30 et V.31 montrent l'effet du type de béton (BR ou BRCR) sur le gonflement dans l'eau.

Après presque un an de conservation dans l'eau, nous n'avons pas observé de gonflement significatif pour les deux familles de bétons recyclés BR et BRCR, excepté le béton à base de granulats recyclés pollués par l'eau de mer (BR-Em) qui présente un gonflement d'environ 30% plus élevé que les autres bétons (Fig. V.30 et Fig. V.31). Il semble que les granulats pollués par les chlorures seuls et les granulats pollués par les sulfates seuls n'influent pas beaucoup sur le gonflement dans l'eau, contrairement à ceux pollués par l'eau de mer (chlorures et sulfates ensemble). Ce résultat est confirmé par Gallias [155] qui a conclu que l'expansion des mortiers devient critique, seulement si la teneur en sulfates des granulats recyclés dépasse 1,2%.

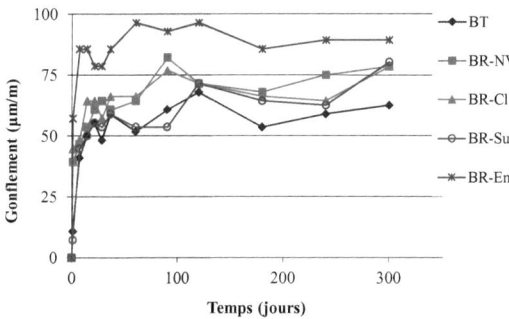

Figure V. 30 : Gonflement dans l'eau des bétons recyclés type BR

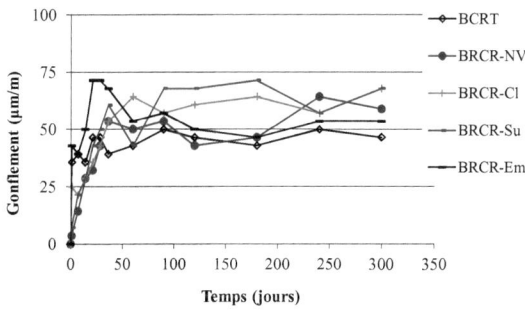

Figure V. 31 : Gonflement dans l'eau des bétons recyclés type BRCR

181

Concernant les granulats pollués par l'eau de mer, bien qu'il soit difficile d'expliquer ce phénomène, on peut supposer que les sulfates apportés par l'eau de mer ($MgSO_4$) ont formé de l'éttringite secondaire avec le C_3A non hydraté, ce qui a favorisé le gonflement du béton recyclé BR-Em. Ce n'est pas le cas pour le Béton Recyclé Compacté au Rouleau (BRCR-Em), où il est clair que le compactage énergique du béton empêche le gonflement (Fig. V.31) ; à cause du compactage du BRCR, il y a moins de place pour l'expansion.

Les figures V.32 et V.33 illustrent en gros le gain de masse pendant le gonflement dans l'eau.

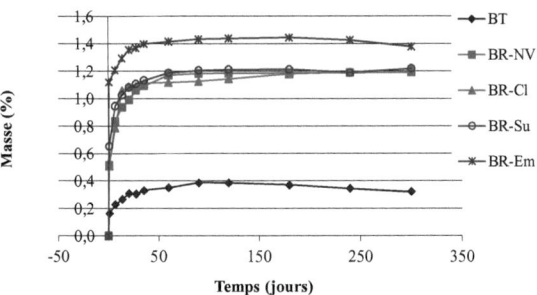

Figure V. 32 : Gain en masse des bétons recyclés type BR pendant le gonflement dans l'eau

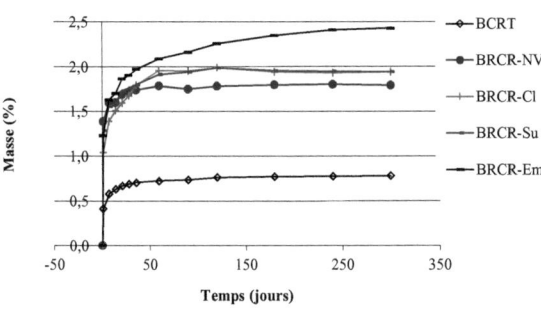

Figure V. 33 : Gain en masse des bétons recyclés type BRCR pendant le gonflement dans l'eau

On remarque, un gain significatif en masse pour tous les bétons recyclés (3 fois pour BR et 5 fois pour BRCR) en comparaison avec le béton témoin (BT et BCR-T). Les résultats des 14 premiers jours (Fig. V.34), peuvent nous renseigner aussi d'une façon indirecte sur la prise et la maturité des bétons réalisés. En fait, comme pour le béton témoin (BT), on constate que tous les bétons recyclés (BR et BRCR) semblent terminer leur prise après 1 jour et commencent à se stabiliser en maturité à partir du premier mois. Al-Mutairi et al [159] ont conclu que l'eau de mer accélère la prise du ciment et diminue sa résistance à long terme.

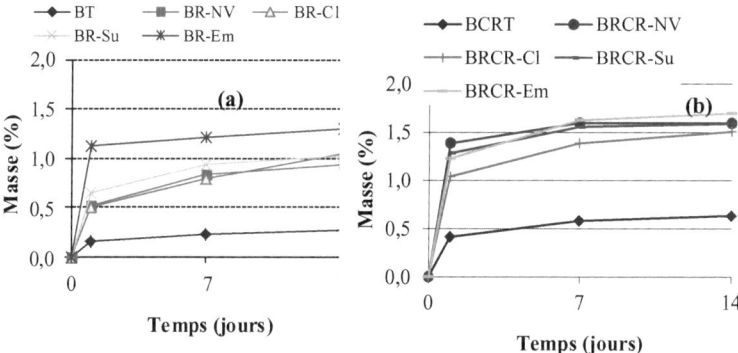

Figure V. 34 : Gain en masse des bétons recyclés, pendant les 14 premiers jours de gonflement dans l'eau

V.6.4.2.2 Gonflement dans les sulfates (Na$_2$SO$_4$)

De la même façon que pour le gonflement dans l'eau, le gonflement dans les sulfates est illustré dans les figures V.35 et V.36.

Alors que dans l'eau le gonflement était principalement limité au BR-Em, on constate ici (Fig. V.35 et Fig. V.36) que le séjour dans les sulfates provoque un nouveau gonflement qui, pour tous les bétons recyclés, est plus grand (en moyenne 3 fois pour BR et 2 fois pour BRCR) que celui du béton témoin. Après une année, le béton recyclé à base de granulats vieillis dans l'eau de mer, atteint même des valeurs de 4 (pour BR) et 3 (pour BRCR) fois supérieures à ceux du béton témoin (respectivement BT et BCR-T).

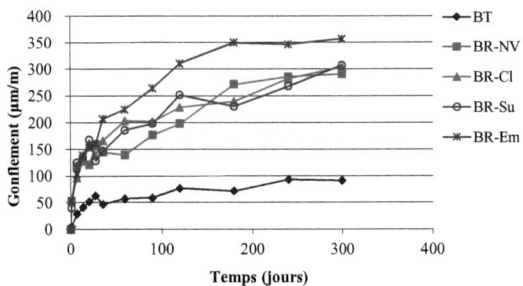

Figure V. 35 : Gonflement dans les sulfates des bétons recyclés BR

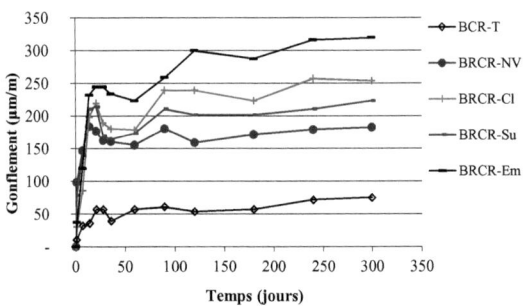

Figure V. 36 : Gonflement dans les sulfates des bétons recyclés BRCR

Visuellement, on a constaté l'apparition de petites fissures le long des arrêtes à 120 jours avec une augmentation significative à 300 j pour le béton à base de granulats recyclés pollués par l'eau de mer (BR-Em).

Pour les deux familles de béton recyclé (BR et BRCR), le gain en masse (Fig. V.37 et Fig. V.38) est respectivement d'environ 3 et 2,5 fois plus important par rapport aux bétons à base de granulats naturels (BT et BCR-T). Exceptionnellement pour BR-Em et BRCR-Em, le gain en masse peut arriver jusqu'à 4 fois de plus.

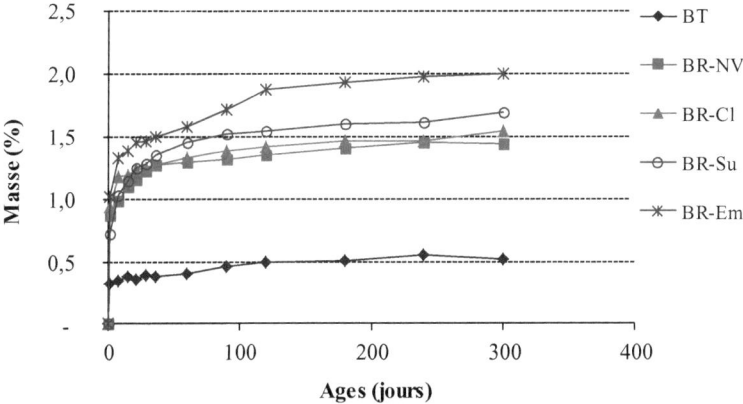

Figure V. 37 : Gain de masse des bétons recyclés BR pendant le gonflement dans les Sulfates

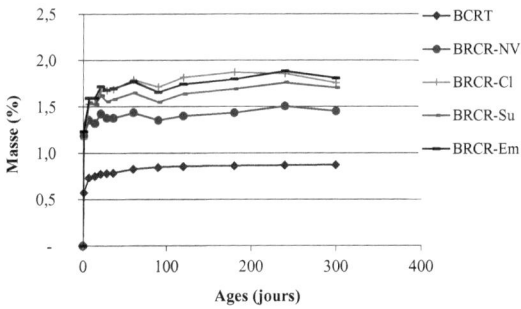

Figure V. 38 : Gain de masse des bétons recyclés BRCR pendant le gonflement dans les Sulfates

La substitution des ions Na^{2+} par les ions Mg^{2+} de la solution Na_2SO_4 donne naissance à un gonflement supplémentaire qui s'ajoute au gonflement primaire dû à l'eau de mer seule (éttringite secondaire), ce qui a favorisé encore une fois le gonflement du béton recyclé. Pour le Béton Recyclé Compacté au Rouleau (BRCR-Em), il semble que le compactage énergique du béton n'empêche pas le gonflement supplémentaire.

De la même façon que pour le gonflement dans l'eau, des résultats des 14 premiers jours (Fig. V.39), il semble que tous les bétons recyclés (BR et BRCR) terminent leur prise après 1 jour et commencent à se stabiliser en maturité à partir du premier mois, sauf pour le BRCR-EM qui prend jusqu'à 4 mois pour commencer à se stabiliser en maturité.

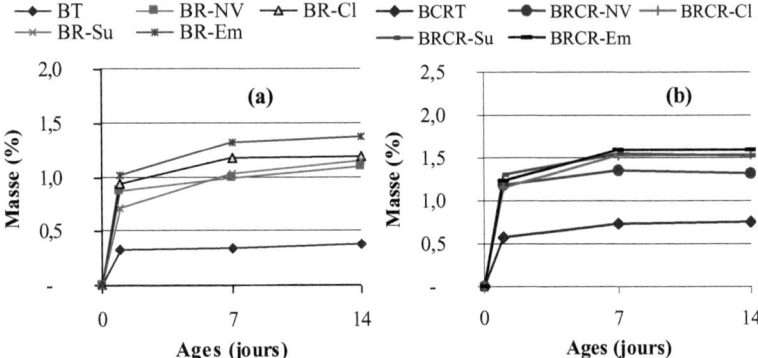

Figure V. 39 : Gonflement des bétons pendant les 28 premiers jours, dans les sulfates

V.6.5. Corrosion

À l'aide de relevés de potentiel par demi-pile, les mesures de la corrosion de l'armature dans le béton recyclé type BR sont résumées sur la figure V.40.

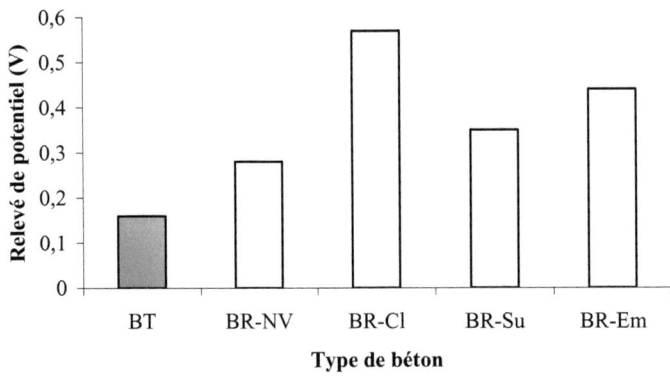

Figure V. 40 : Relevés de potentiel par demi-pile sur poutres en béton armé recyclé

De la figure V.40 et du tableau 20 qui résume la probabilité de corrosion de l'armature, on peut tirer deux conclusions jugées importantes :
- le béton armé à base de granulats recyclés présente une forte probabilité de corrosion par rapport au béton à base de granulats naturels (comparaison entre BT et les autres bétons recyclés BR). Cela est dû sans doute à la forte perméabilité du béton recyclé.
- la teneur élevée en chlorures dans les granulats recyclés (gros et fins), accélère la probabilité de corrosion des armatures dans le béton recyclé (BR-Cl et BR-Em).

Tableau V. 20 : Probabilité de corrosion d'après les relevés de potentiel par demi-pile [145].

Relevé de potentiel par demi-pile Cu/CuSO4	Activité de corrosion
Valeur négative inférieure à -0,2 V	90 % de probabilité d'absence de corrosion
Valeur située entre -0,2 V et -0,35 V	Plus grande probabilité de corrosion
Valeur négative supérieur à -0,35 V	90% de probabilité de corrosion

Il est généralement admis qu'une teneur en chlorure, rapportée au poids de ciment, se situant entre 0,3 et 0,5% et même au-dessous de ces valeurs, peut engendrer un faible risque de corrosion [144].

Par rapport au béton armé à base de granulats recyclés non contaminés (BR-NV) où le relevé de potentiel est de 0,28, le béton armé à base de gros et fins granulats recyclés contaminés par les chlorures (BR-Cl), par les sulfates (BR-Su) et par l'eau de mer (BR-Em) présente respectivement des relevés de potentiel de 0,57, de 0,35 et de 0,44. La probabilité de corrosion des armatures dans le béton armé à base de 100% de granulats recyclés contaminés par les chlorures et/ou les sulfates est plus de 90%.

Conclusions et perspectives

Conclusions

L'objectif de ce travail est de déterminer l'effet de la contamination du béton de référence sur ses propriétés physico-chimiques et sur l'impact que pourraient avoir ces contaminations sur les possibilités de le recycler. Un large programme expérimental a été mis sur pied et réalisé, prenant en compte quelques types de contamination courants pour des bétons routiers et de structure.

La synthèse bibliographique et l'analyse des résultats expérimentaux nous permettent de tirer les conclusions suivantes:

- les granulats recyclés présentent un intérêt particulier car leur valorisation permet de résoudre le manque de granulats naturels, de prolonger la durée d'exploitation des carrières existantes et, en même temps, de réduire les volumes mis en décharges;

- jusqu'à présent, les granulats recyclés trouvent des débouchés principalement dans le secteur routier, avec une diversité de valorisation fort limitée. L'utilisation des granulats recyclés dans le béton est contrariée non seulement par les normes et les réglementations mais aussi par la méfiance des usagers;

- en Algérie, chaque année, une quantité importante de déchets de construction et/ou de démolition est générée mais rarement valorisée;

- malgré les systèmes de tri et d'épuration utilisés dans les stations de concassage, les granulats recyclés restent hétérogènes et moins propres que les granulats naturels. Chimiquement, de tels granulats peuvent présenter une source supplémentaire de chlorures, de sulfates, de chaux, d'alcalins, ainsi que d'autres matières susceptibles de modifier l'environnement chimique du béton et de nuire à sa durabilité;

- les granulats recyclés se distinguent des granulats naturels par deux particularités importantes: la gangue de mortier qui reste attachée aux granulats naturels après concassage du béton–source et la présence d'impuretés. Les caractéristiques physiques et mécaniques des granulats recyclés sont affaiblies par cette gangue d'ancien mortier. Cette chute de performances est encore plus prononcée dans le cas des sables recyclés;

- les essais effectués sur les granulats ont permis de constater que les granulats recyclés semblent êtres friables et produisent, après malaxage, des fines essentiellement constituées d'ancien ciment qui peuvent influencer aussi bien les caractéristiques du béton frais que du béton durci. Ces granulats sont moins durs même si les valeurs de Los-Angeles restent acceptables (35%) vis-à-vis la limite normative (40%);

- les granulats recyclés sont beaucoup moins réguliers que les granulats naturels. Ils comportent une partie assez importante (plus de 50% de leur masse) de particules plates qui peuvent influencer négativement la fluidité et la compacité du béton recyclé;

- par rapport aux granulats naturels, les granulats recyclés présentent de faibles masses volumiques (environ 10 à 15% de moins pour les gros granulats et jusqu'à 20% pour les fins) et une absorption d'eau élevée (6% pour les graviers et 9% pour le sable);

- les granulats recyclés issus du concassage du béton pollué se sont révélés beaucoup plus riches en chlorures qu'en sulfates. La teneur en chlorures des granulats recyclés vieillis (déjà pollués par des chlorures) vaut le double de celles des granulats recyclés non vieillis (vierges);

- les granulats recyclés porteurs de chlorures se lessivent si on les trempe dans l'eau. C'est pourquoi, avec un bon lavage ou immersion totale dans l'eau pendant deux semaines au minimum, ces granulats peuvent êtres utilisés dans le béton, voire même dans le béton armé ou précontraint, sans aucun risque de corrosion;

- pour un temps de serrage dépassant les 30 secondes, le béton (type structurel C25/30) ne contenant que des granulats recyclés (BR) présente un phénomène de ségrégation bien visible juste après la fin du malaxage;

- les masses volumiques des bétons recyclés (BR et BRCR) sont moins élevées que celles du béton naturel (de référence). La teneur en air est plus ou moins comparable pour le béton recyclé type BR;

- par rapport au béton naturel (témoin), la résistance à la compression et à la traction par fendage du béton recyclé type BR chute de 40% et de 19% respectivement. De la même façon, le béton recyclé type BCR présente une chute d'environ 30% et 56%, respectivement. Le module d'élasticité lui aussi est faible et diminue d'environ 38% pour le béton type BR et de 32% pour le béton type BCR;

- la durabilité du béton recyclé est fortement menacée par la porosité et par l'absorption d'eau élevées des granulats recyclés. Le béton recyclé ne contenant que des granulats recyclés est plus perméable à l'air et se carbonate également plus rapidement que le béton naturel. Un tel béton est donc considéré plus vulnérable aux diverses agressions d'origines extérieures ou intérieures;

- le béton recyclé type BR présente une sorptivité plus élevée (environ dix fois) que celle du béton naturel. Par contre, à cause du compactage élevé, le béton recyclé type BCR présente une sorption identique à celle du béton naturel;

- le type de pollution des granulats recyclés n'a pas d'effet significatif sur la porosité du béton recyclé type BR mais influe beaucoup sur sa carbonatation. La vitesse de carbonatation du béton recyclé est environ quatre fois plus grande que celle du béton naturel et de deux fois plus grande que celle du béton à base de granulats recyclés non pollués;

- malgré une porosité plus élevée, le béton ne contenant que des granulats recyclés présente une bonne résistance au climat sévère hivernal;

- le béton ne contenant que des granulats recyclés est fort perméable à la pénétration des ions chlorures en solution, ce qui représente une vraie menace pour sa durabilité, à savoir le risque de corrosion des armatures dans le cas du béton armé et précontraint;

- la probabilité de corrosion des armatures dans le béton ne contenant que des granulats recyclés contaminés par des chlorures (BR-Cl) ou par l'eau de mer (BR-Em) est de plus de 90%. La teneur élevée en chlorures dans les granulats recyclés (gros et fins), accélère la probabilité de corrosion des armatures dans le béton recyclé;

- par rapport au du béton naturel, le béton à base granulats recyclés présente un retrait plus élevé;

- la conservation dans l'eau du béton recyclé n'a pas révélé de gonflement significatif pour les deux familles de bétons recyclés (BR et BRCR), à l'exception du béton à base de granulats recyclés pollués par l'eau de mer, qui présente un gonflement plus grand que celui du béton naturel.

Perspectives

Les observations et analyses que nous avons effectuées dans le cadre de cette recherche pourraient mener à des développements futurs dans le domaine du recyclage des déchets de béton et, en particulier, les aspects suivants restent encore à aborder :

- les granulats recyclés peuvent contenir d'autres impuretés que les chlorures et les sulfates, qui peuvent nuire tant au développement des résistances mécaniques qu'à la durabilité du béton. Des études sont donc nécessaires pour évaluer le risque que représentent ces impuretés pour le comportement à court et à long terme des bétons à base de granulats recyclés. On s'intéressera notamment au problème des bétons contaminés par les réactions alcali-silice (RAG);

- des études restent à mener sur d'autres types de bétons (prêt à l'emploi, blocs de béton, etc.) à base de granulats recyclés et l'optimisation de la composition (utilisation d'autres types de ciments, incorporation de certains types d'adjuvant, squelette granulaire, quantité d'eau nécessaire au prémouillage des granulats recyclés) afin d'améliorer la durabilité ;

- l'aptitude des méthodes de vieillissement accéléré (carbonatation, diffusion des ions chlorures ou gel-dégel) appliquées au béton naturel comme indicateur de durabilité, doit être vérifiée sur des bétons à base de granulats recyclés ;

- afin d'encourager l'utilisation des granulats recyclés, des essais à l'échelle industrielle utilisant des granulats issus de démolition sont indispensables. Des études technico-économiques restent à faire.

Il convient donc, ici comme ailleurs, de bien connaître le matériau que l'on utilise. La confection d'un béton de qualité repose sur une connaissance approfondie des propriétés des matériaux qui le composent : les granulats recyclés peuvent constituer une alternative économique et écologique intéressante mais nécessitent des précautions élémentaires avant toute utilisation.

Bibliographie

BIBILOGRAPHIE

[1] Simons B., and Vyncke J., *'Les déchets de construction et de démolitions'*, CSTC, Printemps 1993, pp. 32-41.
[2] Courard L., *'Valorisation des déchets et sous-produits dans le génie civil'*, Notes de cours (Université de Liège, Faculté des Sciences Appliquées, Service des Matériaux de Construction, 1998, 195 p.
[3] Munck-Kampmann B., *'European trends in waste generation and waste management'*, in 'Recycling and Reuse of Waste Materials' Proceedings of an International Symposium, Edited by R. K. Dir, M. D. Newlands and J. E. Halliday, Published by T. Thelford. London, Sept. 2003, pp. 1-22.
[4] Car M., *'Austrian Experience and point of View on Recycling in Construction'*, in 'Use of recycled Materials as Aggregates in the Construction Industry', Proceeding of the1[st] ENTRecy.net/RILEM Workshop, France, Sep. 2000.
[5] Horstmann *'Une nouvelle gestion des déchets de chantier d'ici cinq ans'*, Cahiers Techniques du Bâtiment, n°177, France, Jan.- févr. 1997.
[6] Galvani E. et Fauconnier R., ' *Déchets de chantier : les actions de la FNB'*, CSTB, n° 106, juillet–août 1997.
[7] Vasquez E., *'Recycling of aggregates in Spain'*, Proceeding of the1[st] ENTRecy.net/RILEM Workshop, France, Sep. 2000.
[8] Laraia R. and Cipriano V., *'C&D Waste Management: the Italian Experience'*, in 'Use of recycled Materials as Aggregates in the Construction Industry', Proceeding of the1[st] ENTRecy.net/RILEM Workshop, France, Sep. 2000.
[9] Torring M., *'Recycling, Environment and Economics Evaluation in two Norwegian demolition projects'*, in 'Use of recycled Materials as Aggregates in the Construction Industry', Proceeding of the1[st] ENTRecy.net/RILEM Workshop, France, Sep. 2000.
[10] Desmyter J., Van Dessel J. and Blockmans S., *'The use of recycled concrete and masonry aggregates in concrete: improving the quality and purity of the aggregates'*, in 'Recycled Concrete and Masonry Aggregates', Proceeding of the International Seminar, Dundee, Scotland, UK, 1999, pp. 139-149.
[11] Rousseau E., Van Dessel J. and Legrand C., *'Le recyclage des matériaux de démolition dans l'union européenne'*, CSTC, 3ème trimestre 1995, pp. 15-21.
[12] CNERIB 'Valorisation des déchets de construction ' Rapport interne, Algérie, 2002.
[13] Husson B., Escadeillas G., Carles-Gibergues, A. and Vaquier, A., *'Stratégie d'étude des déchets et sous-produits : valorisation ou mise en décharge'*, Revue française de génie civil, Vol. 2, n° 8, 1998, pp. 985-997
[14] Oikonomou N. D., *'Recycled concrete aggregates'*, Cement and Concrete Composite, Vol. 27, issue 2, Feb. 2005, pp. 315-318.
[15] Kheder G. F. and Al-Windawi S. A., *'Variation in mechanical properties of natural and recycled aggregates concrete as related to the strength of their mortar'*, Materials and Structures (**38**), Sep. 2005, pp. 701-709.
[16] Ghosh S., *'Recycled aggregate concrete exposed to high temperature'*, in 'Recycling and Reuse of Waste Materials' Proceedings of an International Symposium, Edited by R. K. Dir, M. D. Newlands and J. E. Halliday, Published by T. Thelford. London, Sept. 2003, pp. 399-408
[17] Kasai Y., *'Recycling recent Trends of concrete Waste and Use Recycled Aggregate Concrete in Japan'*, in 'Recycling Concrete and Other Materials for

Sustainable Development', ACI International, Special Publication SP-219, Edited by T. C. Liu. and Ch. Meyer, Published by ACI, USA, 2004, pp. 10-33.
[18] **Rousseau E., Van Dessel J. and Legrand C.**, *'Le recyclage des matériaux de démolition dans l'union Européenne'*, CSTC, Automne 1995, pp. 13-21.
[19] **Hansen T. C. and Lauritzen E. K.**, *'Concrete Waste in a Global Perspective'*, in 'Recycling Concrete and Other Materials for Sustainable Development', ACI International, Special Publication SP-219, Edited by T. C. Liu. and Ch. Meyer, Published by ACI, USA, 2004, pp. 35-46.
[20] **Lauritzen E. K.**, *'Recycling concrete-An Overview of challenges and Opportunities'*, in 'Recycling Concrete and Other Materials for Sustainable Development', ACI International, Special Publication SP-219, Edited by T. C. Liu. and Ch. Meyer, Published by ACI, USA, 2004, pp. 1-10.
[21] **Hadjieva-Zaharieva R.**, *'Durabilité des bétons à base de granulats recyclés'*, Thèse de doctorat de l'Université d'Artois, France, déc. 1998.
[22] **Vautrin J. C.**, *'Utilisation des déchets et sous-produits en technique routière'*, Revue générale des routes et des aérodromes, n° 729, mai 1995, pp. 20- 22.
[23] **Werner R.**, *'Concrete pavement with recycled concrete aggregates'*, Congress Proceeding R'97, Vol. 2, Geneva, Switzerland, 1997, pp.77-81.
[24] **Canale S.,Nicosia F. and Alesi E.**, *'The utilisation of the material from demolition in the roads construction'*, Congress Proceeding R'99, Vol. 3, Geneva, Switzerland, 1999, pp.353-357.
[25] *'Plan wallon des déchets - Horizon 2010'*, Gouvernement Wallon, Belgique, Janv. 1998, 464 p.
[26] **Courard L., Degeimbre R., Darimon A., Dupont L. et Bertrand L.**, *'Utilisation des mâchefers d'incinérateur d'ordures ménagères dans la fabrication de pavés de béton'*, Matériaux et Construction, Vol. 35, Juillet 2002, pp. 365-372
[27] **Bertolini G.**, *'Mâchefers d'incinération d'ordures ménagères (Miom) – Du déchets au produit'*, Environnement et technique, N° 191, Nov. 1999, pp. 22-25.
[28] **Hostman, N.**, *'Une nouvelle gestion des déchets de chantier d'ici cinq ans'*, les cahiers techniques du bâtiment, n°177, France, Jan.- févr. 1997.
[29] **Houst Y.**, *'possibilité d'utilisation des déchets dans la construction'*, Chroniques du LMC, Lausanne, Suisse, 1986.
[30] **Belgroune D.**, *'Expérimentation en vrai grandeur : Déviation de Bousmail – stabilité d'un talus en pneusol – ouvrage O.C 1/1 PK 8+278'*, Journée scientifique sur la valorisation des pneus usagés et les déchets plastiques dans le domaine des travaux publics, Alger, 12 Nov. 2005.
[31] **Kenai S.**, *'Le ciment, fabrication, propriétés et contrôle de qualité'*, document interne, Université de Blida.
[32] **Benyahia et Aidani**, *'Contribution à l'étude de quelques additifs actifs dans la fabrication du ciment portland'*, Mémoire de fin d'études, Institut de Chimie industrielle, Université de Blida, 1992.
[33] **Quebaud M., Courtial M. et Buyle-Bodin F.**, *'le recyclage des matériaux de démolition'*, Matériaux et structure, travaux, n° 721, France, juin 1996.
[34] **Melton J. S.**, *'Guidance for recycled concrete aggregate use in the highway environment'*, in 'Recycling Concrete and Other Materials for Sustainable Development', ACI International, Special Publication SP-219, Edited by T. C. Liu. and Ch. Meyer, Published by ACI, USA, 2004, pp. 47-60.
[35] **Hendricks Ch. F.**, *'European standard for recycled aggregates in construction'*, Proceedings of the International Recycling World Congress R'99, Vol. III, Geneva, Switzerland, Feb. 2-5, 1999, pp108-113.

[36] **Quebaud M.**, *'Caractérisation des granulats recyclés - Etude de la composition et du comportement de bétons incluant ces granulats'*, Thèse de doctorat, Université d'Artois, France, décembre 1996.
[37] RILEM TC 121-DRG.: Recommandation pour la démolition et le recyclage du béton et des maçonneries, *'Specifications for concrete with recycled aggregates'*, Materials and structures, 27, 1994, pp 557-559.
[38] **Hansen T. C.**, *'Recycling of demolished concrete and masonry'*, RILEM Report 06, Published by E & FN Spon, London, 1992.
[39] **Belleflamme M.**, *'Le marquage CE des granulats recyclés'*, Travail de fin d'étude, Université de Liège, Belgique, 2004.
[40] **Butenwizer I., and Favennec M.**, *'Le recyclage-concassage des matériaux minéraux issus de la démolition au Danemark et aux Pays-Bas'*, cahier du CSTB, n° 2794, France, avril 1995.
[41] **Canat D. and Chevet H.**, *'Le recyclage-concassage des matériaux minéraux issus de la démolition en Belgique et au Royaume-Uni'*, cahier du CSTB, n° 2814, France, juin 1995.
[42] **Bouchard M.**, *'Utilisation en technique routière de granulats provenant du concassage de béton de démolition'*, Bulletin liaison laboratoire Pont et Chaussé, n° 134, Réf. 2852, Nov.-Déc. 1984, pp. 53-57.
[43] **Van der Wegen G.**, *'Does sand from rubble to be cleaned before using in concrete'*, in 'Recycling and Reuse of Waste Materials' Proceedings of an International Symposium, Edited by R. K. Dir, M. D. Newlands and J. E. Halliday, Published by T. Thelford. London, Sept. 2003, pp. 389-398.
[44] **Di Niro G., Dolara E. and Cairns R.**, *'Properties of hardened RAC for structural purpose'*, in 'Use of recycled concrete aggregate' Proceedings of an International Symposium, Edited by R. K. Dir, N. A. Henderson and M. C. Limbachiya, Published by T. Thelford. London, Sept. 1982, pp. 177-188.
[45] **Bouchard M., et Joubert J. P.**, *'Granulats élaborés par concassage de bétons de démolition'*, LCPC, Nice, 21-23 mai 1984, pp. 150-153.
[46] **Pimienta P. et Delmotte P.**, *'Blocs de construction en granulats recyclés'*, CSTB magazine, n°109, novembre 1997, pp.30-32.
[47] **Yanagibashi K., and Yonezawa T.**, *'Development of production process for returnable concrete aggregate'*, Recycling World Congress R'99, Vol. III, Geneva, Switzerland, Feb. 2-5, 1999, pp.137-142.
[48] **De Pauw C.**, *'Recyclage des décombres d'une ville sinistrée'*, CSTC, Revue n° 4, Belgique, décembre 1982, pp. 12-28.
[49] **De Pauw C.**, *'Reuse of building materials and disposal of structural waste materials'*, RILEM report 9. Disaster Planning, Structural Assessment, Demolition and Recycling. Edited by C. De Pauw and E. K. Lauritzen, Published by E&FN Spon, London, 1994, pp. 133-159.
[50] **Desmyter J., Blockmans S., et Frenay J.**, *'Granulats de débris et béton recyclé : Résultats et développement récents. Partie 1 : vers une amélioration de la qualité'*, CSTC, été 1999, pp. 14-23.
[51] PTV-406 version 2: Prescriptions techniques pour l'utilisation des granulats recyclés, *'GRANULATS RECYCLES'*, Document COPRO ; PTV 406 version 2.0 du 14-10-2003, Belgique, 16 **pages.**
[52] **Debieb F.**, *'Valorisation des déchets de briques et béton de démolition comme agrégats de béton'*, Thèse de Magistère de l'Université de Blida, Algérie, Nov. 1999.
[53] **Katz A.**, *'Properties of concrete made with recycled aggregate from partially hydrated old concrete'*, Cement and Concrete Research, 33, 2003, pp. 703-711.

[54] Topçu I. B. and Şengel S., *'Properties of concrete produced with waste concrete aggregate'*, Cement and Concrete Research, 34, 2004, pp. 1307-1312.
[55] Vyncke J. and Rousseau E., *'Recycling of construction and demolition waste in Belgium: actual situation and future evolution'*, in 'Demolition and Reuse of Concrete and masonry', Third International RILEM Symposium, Edited by E. K. Lauritzen, Published by E & FN Spon, Denmark, 1993, pp. 57-69.
[56] Kasai Y., *'Guidelines and the present state of the reuse of demolished concrete in Japan'*, Demolition and Reuse of Concrete, Edited by E. Lauritzen, Published by E&FN Spon, London, 1994, pp.93-104.
[57] Québaud M., Zaharieva R. et Buyle-Bodin F., *'Le comportement des bétons incluant des granulats recyclés'*, Revue française de génie civil, Vol. 2, n° 8, 1998, pp. 969-984.
[58] Coquillat G., *'Recyclage des matériaux de démolition dans la confection des bétons'*, Annales de l'ITBTP, n° 428, France, Octobre 1984, pp. 63-71.
[59] Dreux. G. et Festa. J., *'Nouveau guide du béton'*, Huitième édition, Eyrolles, Paris, 1998,409 pages.
[60] Tavakoli M. and Soroushian P., *'Strengths of recycled aggregate concrete made using field-demolished concrete as aggregate'*, ACI materials journal, March-April 1996, pp. 182-193.
[61] Gómez-Soberón J. M. V., *'Porosity of recycled concrete with substitution of recycled concrete aggregate – An experimental study'*, Cement and Concrete Research, 32, 2002, pp. 1301-1311.
[62] Sani D., Moriconi G., Fava G. and Corinaldesi V., *'Leaching and mechanical behaviour of concrete manufactured with recycled aggregates'*, Waste Management, 25, 2005, pp. 177-182.
[63] Sagoe-Crentsil K. K., Brown T. and Taylor A. H., *'Performance of concrete made with commercially produced coarse recycled concrete aggregate'*, Cement and Concrete Research, 31, 2001, pp. 707-712.
[64] Tu T. Y., Chen Y. Y. and Hwang C. L., *'Properties of HPC with recycled aggregates'*, Cement and Concrete Research, 36, 2006, pp. 943-950.
[65] Rahal K., *'Mechanical properties of concrete with recycled coarse aggregate'*, Building and Environment, 42, 2007, pp. 407-415.
[66] Tori I., Kawamura M., Takemoto K. and Hasaba S., *'Applicability of recycled concrete aggregate as an aggregate for concrete pavement'*, Transaction of the Japan concrete institute, Vol. 6, 1984, pp. 133-140.
[67] Xiao J., Sun Y. and Falkner H., *'Seismic performances of frame structures with recycled aggregate concrete'*, Engineering Structures, 28, 2006, pp. 1-8.
[68] Grübl P., *'The reuse of demolition materials in concrete structures'*, Concrete and Concrete Structure, Vol.12, 1997, pp. 151-8155.
[69] Di Niro G., Dolara E. and Ridgway P., *'Recycled aggregate concrete (RAC): Properties of aggregate and RC beams made from RAC'*, in 'Concrete for Environment and Protection' Proceedings of an International Symposium, Edited by R. K. Dir, Published by E & FN Spon. London, 1996, pp. 141-149.
[70] Yagishita F, Sano M and Yamada M., *'Behaviour of reinforced concrete beams containing recycled coarse aggregate'*, in 'Demolition and Reuse of Concrete' Proceedings of an International Symposium, Edited by E. K. Lauritzen, Published by E & FN Spon. London, 1994, pp. 331-341.
[71] CSTC, 'Recyclage du béton', CSTC, Rapport final de la biennal, Bruxelles 1979-981.
[72] Ravindraradjah R. S. and Tam C. T., *'Properties of concrete made with crushed concrete as coarse aggregates'*, Magazine of Concrete Research, Vol. 37, N° 130, March 1985, pp. 29-38.

[73] Ravindraradjah R. Loo Y.H. and Tam C. T., *'Recycled concrete as fine and coarse aggregate in concrete'*, Magazine of Concrete Research, Vol. 39, 1987, pp. 214-220.
[74] Zaharieva R., Byle-Bodin F., Skoczylas F. and Wirquin E., *'Assessment of the4surface permeation properties of recycled aggregate concrete'*, Cement and Concrete Research, 25, 2003, pp. 223-232.
[75] Zaharieva R., Byle-Bodin Fand Wirquin E., *'Frost resistance of recycled aggregate concrete'*, Cement and Concrete Research, 34, 2004, pp. 1927-1932.
[76] Kheder G. F. and Al-Windawi S. A., *'Variation in mechanical properties of natural and recycled aggregate concrete as related to the strength of their binding mortar'*, Materials and Structures, 38, 2005, pp. 701-709.
[77] Xiao J. Li J. and Zhang Ch., *'Mechanical properties of recycled aggregate concrete under uniaxial loading'*, Cement and Concrete Research, 35, 2005, pp. 1187-1194.
[78] Sagoe-Crentsil K. K., Brown T. and Taylor A. H., *'Performance of concrete made with commercially produced coarse recycled concrete aggregate'*, Cement and Concrete Research, 31, 2001, pp. 707-712.
[79] Wainwright P. J., Trevorrow A., Yu Y. and Wang Y., *'Modifying the performance of concrete made with coarse and fine recycled concrete aggregate'*, in 'Demolished and Reuse of Concrete', Proceeding of an International RILEM Symposium, Edited by E. K. Lauritzen, Published by E & FN SPON. London, 1994, pp. 319-330.
[80] Wirquin, E., Hadjieva-Zaharieva, R. and Buyle-Bodin, F., *'Utilisation de l'absorption d'eau des bétons comme critères de leur durabilité - application aux bétons de granulats recyclés'*, Materials and structures 33, 2000, pp. 403-408.
[81] Levy S. M. and Helene P., *'Durability of recycled aggregates concrete: a safe way to sustainable development'*, Cement and Concrete Research, 34, 2004, pp. 1975-1980.
[82] Olorunsogo F. T. and Padayachee N., *'Performance of recycled concrete monitored by durability index'*, Cement and Concrete Research, 32, 2002, pp. 179-185.
[83] Tremblay S., *'Méthodes de formulation de bétons compactés au rouleau et effet des agents entraîneurs d'air sur la maniabilité'*, Mémoire de maîtrise ès sciences de l'université Laval, Canada, 1997.
[84] Quellet É., *'Formulation et étude du comportement mécanique des bétons compactés au rouleau'*, Mémoire de maîtrise ès sciences de l'université Laval, Canada, 1998.
[85] Projet national BaCaRa 1988-1995, *'Le béton compacté au rouleau: Les barrages en BCR'*, Presse de L'ENPC, France, 1996.
[86] Delhez P., *'Formulation d'un Béton compacté au Rouleau à partir de granulats recyclés pour l'utilisation dans le domaine routier'*, Travail de Fin d'Etude de l'Université de Liège, Belgique, 2003.
[87] Jofré C., *'Emploi du béton compacté dans les chaussées'*, Association internationale permanente des congres de la route, Paris, France, 1993.
[88] Pouliot N., *'Formulation, mécanismes d'hydratation et propriétés mécaniques des bétons de ciments fabriqués à partir de matériaux granulaires et de béton bitumineux recyclés'*, Thèse de doctorat (Ph.D) de l'université Laval, Canada, 2002.
[89] Pouliot N., Sedran T. de Larrard F. et Marchand J, *'Prédiction de la compacité des bétons compactés au rouleau à l'aide d'un modèle d'empilement granulaire'*, Bulletin des laboratoires des Ponts et chaussées, 233, Réf. 4370, Juillet-Août 2001, pp. 23-36.

[90] **Bourioune M.L**, *'Le Béton Compacté Au Rouleau Une Voie Nouvelle Au Service Des Barrages'*, Rapport interne, Laboratoire des Travaux Publics de l'Est, Algérie, 2001.
[91] **Burns C. D and Saucier K. L**, *'Vibratory Compaction Study of Zero-Slump Concrete'*, ACI journal, N_o 75-12, mars 1978, pp. 90.
[92] **Cao C., Sun W. and Qin H.**, *'The analysis on strength and fly ash effect of roller compacted concrete with high volume fly ash'*, Cement and Concrete Research, 30, 2000, pp. 71-75.
[93] **Atis C. D., Sevim U. K., Ozcan F., Bilim C., Karahan O., Tarikulu A. H. and Eksi A.**, *'Strength properties of roller compacted concrete containing a non-standard high calcium fly ash'*, Materials Letters, 58, 2004, pp. 1446-1450.
[94] **Loranger F.**, *'Caractérisation de matériaux recyclés (bétons, enrobés et fondations granulaires) et évaluation de leur performances dans les bétons conventionnels et compactés au rouleau'*, Mémoire de maîtrise ès sciences de l'université Laval, Canada, 2001.
[95] **Khelidji A.**, *'Transferts et durabilité des bétons'*, Cours E13 (ECN) et DEA Génie Civil, IUT de Saint Nazaire, Université de Nantes, France.
[96] **Buil M. et Olivier J. P.**, *'Conception des béton : la structure poreuse'*, dans 'La Durabilité des Bétons', Presses de l'école national des ponts et chaussées, Paris, 1992. pp. 57-106.
[97] **Balayssac J. P.**, *'Relation entre performances mécaniques, microstructure et durabilité des bétons'*, Thèse de doctorat de l'université de Toulouse, France, 1992.
[98] **Coupienne P.**, *'Détermination de la perméabilité à l'eau des bétons'*, Travail de Fin d'Etude de l'Université de Liège, Belgique, 2002.
[99] **Yssroche M. P., Bigas J. P. et Olivier J. P.**, *'Mesure de la perméabilité à l'air des bétons au moyen d'un perméamètre à charge variable '*, Materials and Structures, 28, 1995, pp. 401-405.
[100] **Perraton D., Aïtcin P. C. et Carles-Gibergues A.**, *'Mesure de la perméabilité aux gaz des bétons : perméabilité apparente et perméabilité intrinsèque. Partie II – influence de la taille des éprouvettes et de la variabilité des résultats dans le cas d'un BHP'*, Bulletin des Laboratoires des Ponts et Chaussées, 221, Réf. 4242, 1999, PP. 79-87.
[101] **Perraton D., et Aïtcin P. C**, *'perméabilité du béton de peau – le choix du granulat peut-il s'avérer un élément plus déterminant que le rapport E/C'*, Bulletin des Laboratoires des Ponts et Chaussées, 232, Réf. 4365, 2001, PP. 59-72.
[102] **Autsin S. A. and Al-Kindy A. A.**, *'Air permeability versus sorptivity: effects of field curing on cover concrete after one year of field exposure'*, Magazine of Concrete Research, 52, N° 1, 2000, pp. 17-24.
[103] **Billard Y.**, *'Contribution à l'étude des transferts de fluides au sein d'une paroi en béton'*, Thèse de doctorat de l'INSA de Lyon, France, 2003.
[104] **Bonnet S. and Khelidji A.**, *'La durée de vie des ouvrages en béton armé situés sur la façade atlantique'*, Rapport n° 2-1', projet MEDACHS, GeM-IUT de Saint Nazaire, Université de Nantes, France, année 2005.
[105] **Degeimbre R**, *'Technologie des béons'*, Notes de cours2^{eme} édition, Faculté des Sciences Appliquées, Université de Liège, 2001-02, Belgique.
[106] **Degeimbre R**, *'Pathologie des matériaux et des constructions'*, Cours GCIV 028-0, Faculté des Sciences Appliquées, Université de Liège, 2000-01, Belgique.
[107] **Carles-Giergues et Pigeon M A.**, *'La durabilité des bétons en ambiance hivernale rigoureuse'*, dans 'La Durabilité des Bétons', Presses de l'école national des ponts et chaussées, Paris, 1992. pp. 227-284

[108] **Ollivier J. P, Marchand J. et Nilson L. O.**, 'Méthodologie de prévision de la pénétration des ions chlore par diffusion dans le béton' dans 'Béton : du matériau à la structure', RILEM Proceeding, 1996.
[109] **François R., Francy O., Caré S., Baroghel-Bouny V., Lovera P. et Richet C.**, 'Mesure du cœfficient de diffusion des chlorures - *Comparaison entre régime permanent et régime transitoire*' dans 'Transfert dans les béton et durabilité', RFGC-5, 2001. pp. 309-329.
[110] **Duval R. et Hornain H.**, '*La durabilité du béton vis-à-vis des eaux agressives*', dans 'La Durabilité des Bétons', Presses de l'école national des ponts et chaussées, Paris, 1992. pp. 351-394.
[111] **Moussa Mayaki A.**, '*Etude de la diffusion des chlorures dans les bétons*', Travail de Fin d'Etude de l'Université de Liège, Belgique, 1998.
[112] http://www.qc.met.wallonie.be
[113] http://petrol.sci.muni.cz/english/technolithology/THAUMASITE.htm
[114] NBN B 11-001, '*Pierres concassées et graviers - Analyse granulométrique*', Norme belge, 1978.
[115] BS 812-100, 'Testing aggregates-General requirements for apparatus and calibration', Norme Anglaise, 1990.
[116] NBN B 11-255, '*Essais des granulats légers – Masse volumique des grains et absorption d'eau*', Norme belge, 1976.
[117] NF P 18-598, '*Granulats – Equivalent de sable*', Norme française, 1991.
[118] NF P 18-591, '*Granulats – détermination de propreté superficielle*', Norme française, 1990.
[119] NF P 18-591, '*Granulats – Essai de Los Angeles*', Norme française, 1990.
[120] NBN B 1-203, '*Déformation instantanées en compression – module d'élasticité statique*', Norme belge, 1973.
[121] NBN B 15-257, '*Analyse chimique du béton durci – Teneur en halogénures*', Norme belge, 1975.
[122] NBN B 61-201, '*Adjuvant pour mortier et bétons – Détermination de la teneur en halogénures*', Norme belge, 1972.
[123] NBN B 15-256, '*Analyse chimique – Teneur en anhydride sulfurique*, Norme belge, 1975.
[124] **Willem X.**, '*Etude des effets de consolidation sur les indicateurs de durabilité des bétons*', Thèse de doctorat de l'Université de Liège, Belgique, 2005.
[125] Cahier des charges - type RW 99, '*Clauses administratives et techniques applicables à l'exécution des routes et autoroutes situées en Région Wallonne*', Belgique, 1999.
[126] **Faury J.**, '*Le béton : Influence de ses constituants inertes : Règles à adopter pour sa meilleure composition*', Editeur Dunod Paris, 1942.
[127] **Pigeon M. and Marchand J.**, '*Frost resistance of Roller-Compacted Concrete*', Concrete International, July 1996, pp. 22-26.
[128] EN 480-1, '*Adjuvants pour béton, mortier et coulis – Méthodes d'essais – Partie 1 : Béton et mortier de référence pour essais*', Norme européenne, 1997.
[129] NBN B 15-232, '*Béton Frais – Détermination de la consistance - Essai d'Affaissement*', Norme belge, 1982.
[130] NBN B 15-208, ''*Essais des bétons - Teneur en air du béton frais – méthode à pressions constante*', Norme belge,
[131] NBN B 15-220, '*Essais des bétons – détermination de la résistance à la compression*', Norme belge, 1990.
[132] NBN B 15-218, '*Essais des bétons – Détermination de la résistance à la traction par fendage*', Norme belge, 1986.
[133] NBN B 15_216,' *Essais des bétons – Retrait et gonflement*', Norme belge, 1974.

[134] AFPC-AFREM, *'Durabilité des béton – Essai de perméabilité aux gaz du béton durci : mode opératoire recommandé'*, recommandations AFREM, Toulouse, 1996.
[135] NBN B 15-217, Essais des bétons – Absorption d'eau par capillarité', Norme belge, 1984.
[136] NBN EN 13057, *'Produits et systèmes pour la protection et la réparation des structures en béton – Méthodes d'essai – Détermination de l'absorption capillaire'*, Norme belge, 2002.
[137] AFPC-AFREM, *'Durabilité des béton – Détermination de la masse volumique apparente et de la porosité accessible à l'eau : mode opératoire recommandé'*, recommandations AFREM, Toulouse, 1996.
[138] NBN B 15-215, Essais des bétons – Absorption d'eau par immersion', Norme belge, 1969.
[139] NBN B 24-213, Essais de matériaux de maçonnerie – absorption d'eau sous vide', Norme belge, 1976.
[140] NBN EN 13295, *'Produits et systèmes de protection et de réparation des structures en béton – Méthodes d'essai – Détermination de la résistance à la carbonatation'*, Norme belge, 2004.
[141] ASTM C 1202-97, *'Standard test method for Electrical Indication of Concrete's Ability to Resist Chloride Ion Penetration'*, Norme américaine, 1997.
[142] NBN B 05-203, *'Essais des matériaux de construction – Gélivité : Cycles de gel dégel'*, Norme belge, 1977.
[143] NBN B 15-231, *'Essais des bétons – Gélivité '*, Norme belge, 1987.
[144] ASTM C 876-80, *'Half cell potentials of reinforcing steel in concrete'*, norme Americana, 1980.
[145] **Pollet V. et Jacobs J.**, *'le diagnostique des bétons'*, CSTC, Automne 1998, pp. 3-9.
[146] **Nagataki S., Gokce A., Saeki T. et Hisada M.**, *'Assessment of recycling process included damage sensitivity of recycled concrete aggregates'*, Cement and Concrete Research, 34, 2004, PP. 965-971.
[147] **Poon C. S. and Chan D.**, *'Feasible use of recycled concrete aggregates and crushed clay brick as unbound road sub-base'*, Construction and Building Materials, Volume 20, Issue 8, 2006, PP. 569-577.
[148] **Kenai S., Debieb F. and Azzouz L.**, *'Mechanical properties and durability of concrete made with coarse and fine recycled aggregates',*, in 'Sustainable Concrete Construction', Edited by R. K. Dir, T. D. Dyer and J. E. Halliday, Published by T. Thelford. London, Sept. 2002, pp. 383-392.
[149] **Debieb, F. and Kenai, S.**, *'The use of fine and coarse crushed bricks as aggregates in concrete'*, Construction and Building Materials, Elsevier, 2007 (**Article In Press**).
[150] **Fumoto T. and Yamada M.**, *'Strength and durability of concrete used recycled aggregate'*, Proceeding of ConMat'05, Vancouver, 2005.
[151] EN 206-1 :2001 et NBN B 15-001 :2004, *'Béton - Spécification, performances, production et conformité'*, normes belges.
[152] **Debieb F., Kenai S., Courard L. and Degeimbre R.** *'Le Béton Compacté au Rouleau à base de granulats recyclés contaminés'*, Congrès Internationale sur l'Environnement, Ghardaïa, Algérie, Mars 2007.
[153] **Debieb F., Courard L. Degeimbre R. and Kenai S.** *'Durability of Structural Concrete Using Contaminated Recycled Aggregates '*, in 'Recovery of Materials and Energy for Resource Efficiency', Accepted for publication at the world congress R'07, Davos , Switzerland, September 2007.
[154] NF P 18-541, 'granulats pour bétons hydraulique', Norme française, 1994.

[155] **Gallias J. L.**, *'Sulphate content threshold for recycled aggregates used in concrete'*, Proceedings of the International Recycling World Congress R'99, Vol. III, Geneva, Switzerland, Feb. 2-5, 1999, pp. 161-166.

[156] **Kenai S. and Debieb F.**, *'Performances of concrete made using brick masonry as coarse and fine recycled aggregates'*, in 'Recovery, Recycling, Re-integration', 6th world congress on integrate resources managements, Geneva, Switzerland, February 2002

[157] **Debieb, F. and Kenai, S**. *'Characterization of the durability of recycled concretes using coarse and fine crushed bricks and concrete aggregates'*, Submitted to Journal of Material and Structures, RILEM, in 2006.

[158] **Khatri R. P. and Sirivivatnanon V.**, *'Role of permeability in sulphates attack'*, Cement and Concrete Research, 27, 1997, PP. 1179-1189.

[159] **Al-Mutairi N. and Haque M. N.**, *'Strength and durability of concrete made with crushed concrete as coarse aggregate'*, in 'Recycling Reuse of Waste Materials', Proceeding of an International symposium, Edited by R. K. Dir, M. D. Newlands and J. E. Halliday, Published by T. Thelford. London, Sept. 2003, pp. 499-506.

Oui, je veux morebooks!

i want morebooks!

Buy your books fast and straightforward online - at one of world's fastest growing online book stores! Environmentally sound due to Print-on-Demand technologies.

Buy your books online at
www.get-morebooks.com

Achetez vos livres en ligne, vite et bien, sur l'une des librairies en ligne les plus performantes au monde! En protégeant nos ressources et notre environnement grâce à l'impression à la demande.

La librairie en ligne pour acheter plus vite
www.morebooks.fr

VDM Verlagsservicegesellschaft mbH
Heinrich-Böcking-Str. 6-8   Telefon: +49 681 3720 174   info@vdm-vsg.de
D - 66121 Saarbrücken   Telefax: +49 681 3720 1749   www.vdm-vsg.de

Printed by Books on Demand GmbH, Norderstedt / Germany